智慧少年书系
ZHI HUI SHAO NIAN SHU XI

本书用轻松、幽默的漫画陪孩子尽情玩乐的同时，从品格、学习、健康、生活、处世等方面教育孩子什么是好习惯，如何养成好习惯？

当孩子静心读完之后，一位勇敢、好学、乐观、积极、健康的好孩子就神奇般地出现在你面前了。

学生一定要养成的50个习惯

王星凡〇主编

天津出版传媒集团
天津科学技术出版社

**图书在版编目（CIP）数据**

学生一定要养成的50个习惯 / 王星凡主编. — 天津:
天津科学技术出版社, 2012.3（2021.6重印）
（智慧少年书系）
ISBN 978-7-5308-5941-4

Ⅰ.①学… Ⅱ.①王… Ⅲ.①习惯性—能力培养—青
年读物②习惯性—能力培养—少年读物

Ⅳ.①B842.6-49

中国版本图书馆CIP数据核字（2012）第039656号

---

智慧少年书系——学生一定要养成的50个习惯
ZHIHUI SHAONIAN SHUXI —— XUESHENG YI DINGYAO YANGCHENG DE 50 GE XIGUAN

责任编辑：杜宇琪
责任印制：刘　彤

出　　版：天津出版传媒集团
　　　　　天津科学技术出版社
地　　址：天津市西康路35号
邮　　编：300051
电　　话：（022）23332399
网　　址：www.tjkjcbs.com.cn
发　　行：新华书店经销
印　　刷：永清县晔盛亚胶印有限公司

---

开本 690×940　1/16　印张 10　字数 200 000
2021年6月第1版第5次印刷
定价：35.00元

## 用童年奏出美丽的乐章

童年是欢乐的，是美好的。童年的回忆像珍珠一样闪着银色的光芒，人的一生中，童年是美丽的"金色年华"。

童年是那后院的梅子园，梅子树上结满了梅子，梅子树下有着梦一般的童年。

童年是皮球，拍出欢乐的笑声，拍出天真的幻想。每一次着地，每一次跳起，都不带一丝犹豫。

童年是桑果，紫色的梦幻，紫色的诱惑，让人回味无穷；童年是蝴蝶结，扎出天真无邪的我……

童年是短暂的，它的一切秘密会在一个秋天被金黄的野果挥霍干净。童年又是漫长的，那小小的身影会在充满挑战的一生中顽皮地晃出无尽的回忆。童年是栖息在窗口的小鸟，一动就会飞掉。

童年是不可替代的。童年的欢乐，值得一辈子收藏。

编者

# 目 录

智慧少年

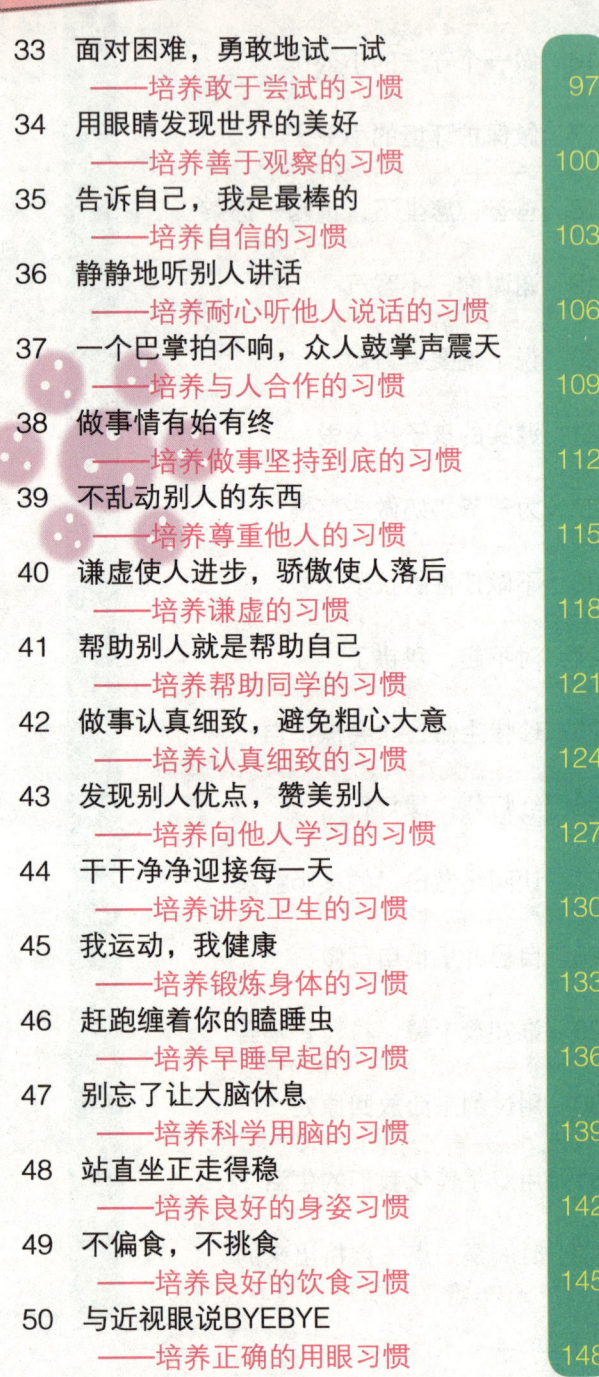

# 各门功课都学好，花开才会样样红

## ——培养各科均衡的习惯

## 想一想

在学习上，我们中的很多人做不到各科成绩都很优秀，存在偏科的现象。轻度的偏科不但影响我们的学习成绩，而且任其发展下去，还会产生严重的后果，就像漫画中的男孩，因为语文和英语严重偏科，理科也不是非常出色，因此成绩老是上不去。

有专家通过跟踪调查研究，结果发现：如果理工科学生的文科成绩不好，他思考问题的方法会受到很大影响，将来也不会取得很好的成就。这种学生不能流利地讲话，也不能写出较好的文章，无法把自己的观点在论文中很好地表达出来。

从长远来看，将来他们毕业后科研项目的论证报告、申请项目、结题报告等都需要较好的文科知识。知识面的狭窄会影响他们对新事物、新学科的接受，甚至还会妨碍学术交流，影响进一步的发展。

我们知道了偏科的危害，就要改掉这个坏习惯，现在还是来得及的。小学时期为我们日后成才打下坚实的基础。任何一门课程的偏废，都会给我们个人的发展埋下危险的"地雷"。从未来的工作需要看，日后我们每个人的工作都将是综合性的，并且工作变动性很大、很快。一项工作、一个问题的解决，往往要用到许多学科的知识。

"各门功课都学好，花开才会样样红"。我们要从现在开始改掉偏科的习惯，做一个全面发展的学生。这虽然需要很长一段时间，花费很大的精力，但对我们今后的发展是大有好处的。

# 记一记

积累知识，也应该有农民积肥的劲头，捡的范围要宽，不要限制太多。

——邓 拓

掌握知识对于一个人来说是不够的，应当善于使知识得到发展。

——歌 德

那么怎样改掉偏科的习惯呢？

1. 培养正确的学习动机。小学阶段各门课程都是为了我们的全面发展而设立的，偏废任何一门课程，犹如修建高楼大厦时地基缺了几样关键的东西，后果是很严重的。一个合格人才除了具有广博的专业知识以外，还应有相当高的文学修养、艺术修养。

2. 激发对较差课程的兴趣。如果你在数学学习方面取得了成绩，而语文成绩不好，此时可鼓励自己："我数学学得这么好，语文能不能也学得这么好呢？试试看。"购买一些文学名著，订阅一定数量的文学报刊，参加一些写作比赛，逐渐提高学习语文的兴趣。

3. 坚持不懈地纠正偏科。善于从自己的点滴进步中增加坚持的力量，激发对各学科的兴趣，增强信心。长期坚持下去，学习偏科的问题就会逐渐得到解决。

# 练习写一手漂亮的汉字
## ——培养正确书写的习惯

## ▎▎▎ 想一想

　　写字混乱闹出的笑话还真值得我们深思。字不整齐很容易让人产生误会，闹出笑话。一手漂亮的字不仅能让自己感到自豪，也能让看的人赏心悦目。许多中学生写的字十分令人忧心，还有许多大学生、硕士生、博士生，尽管论文写得漂亮，但是写的字却十分难看。

　　写字是一项重要的语文基本功，写字的过程可以巩固对每个字的认识，记住它们的读音和结构，也是继续学习、丰富科学文化知识的重要手段，对我们的成长具有重要的作用。所以，我们必须从小就打好基础并努力练成一手好字。

　　有人觉得把每份作业都写得那么仔细、工整，会耽误时间。其实并不是这样，关键是要从小养成习惯，如果从小学入学时起就养成了这种习惯，既能写好，又能写快，就不会耽误时间了。

　　所以说，应该从小就培养起正确书写的习惯，千万不能认为字写得好不好无所谓，如果不注意提高自己的书写水平，等到需要时，后悔是来不及的哦！

　　如今有了电脑处理文件，因此有人认为没有必要再花时间去练习写字。这显然是错误的想法，手写的字传达着个人的情感和素质，这是冷冰冰的电脑不能做到的。汉字现代化研究会会长袁晓园爷爷说过："汉字是世界上最简短明确的语言文字，它像数学那样逻辑性强，像积木、七巧板，是开发儿童智力的魔方。"如果不用手写，如何去感受这个"魔方"的魅力呢。因而，无论何时何地，我们都要坚持写字，写好字。

记一记

**写字歌**
写字做到三个一，一寸一拳和一尺。
头正肩平身不歪，姿势正确要牢记。

培养正确书写的习惯。以下提供了一些方法供你参考：

1. 从最基本处着手。刚开始学写字时，就把每个字的笔画、笔顺写准确。

2. 学习一点书法。不是为了参加书法比赛，而是懂得什么样的字是漂亮、美观、大方的。给自己买一些字帖，把大字帖挂在自己的房间里，也可以让大人带领去参观书法展览。

3. 检查作业、试卷时，不要只注意内容的对错，还要检查字写得是不是工整、漂亮。

4. 读书、看报时，不要只注意欣赏书报文字的内容，还要注意审视字体、书法是否美观；上街时，注意观察、欣赏街市牌匾上漂亮的字。

5. 生活中，即使写一个留言条，字迹也要工整，不能随意。

# 好的计划是成功的一半
## ——培养制订学习计划的习惯

## 想一想

像漫画中的学生一样，我们生活中还有很多同学学习的时候都很随意，没有计划性，平时不好好利用时间，到了考试的时候又临时抱佛脚，结果当然是得不到好成绩了。

时间是最公平的，对任何人都是平等的，每人每天 24 小时，不会多，也绝不会少。可是，不同的人利用时间的效果却大不相同。就学习来说，有的人整天埋头苦学，却没有很好的成绩；有的人不仅学习成绩好，课外活动也很丰富，生活非常快活。怎么会出现这种差别呢？其中一个很关键的原因是使用时间的方法不一样。科学合理地使用时间，是快乐生活、轻松学习的重要原因。

"一寸光阴一寸金，寸金难买寸光阴。"小学阶段是人生的黄金时期，我们应该分秒必争、合理利用时间，促使自己成才。珍惜时间和合理利用时间的最好方法是为自己制订一份适合自己的学习计划，让自己的分分秒秒都得到利用，不浪费时间，善于利用时间，让时间为自己的成功服务。学习计划并没有什么固定的格式，只要是适合自己的就可以了。

## 记一记

**格言 计划**

长计划，短安排。

做事没计划，盲人骑瞎马。

闲时无计划，忙时多费力。

平时做事无计划，急时做事无头绪。

培养制订学习计划的习惯需要很长的时间，我们要坚持做下去，变成一种自觉的行动。

1. 按照自己的实际情况，制订一个自己的学习计划。制订计划要注意留出机动时间，劳逸结合和新旧知识的衔接。

2. 执行计划是要重视效果。制订计划的目的是有效地利用时间，提高学习效率。如果在执行的过程中出现不适合自己的情况，要及时调整。

3. 有奖励有惩罚。制订计划后要严格执行，如果较好地完成了计划，可以给自己一些奖励，鼓励自己坚持下去；如果没有很好地完成任务，就要采取适当的惩罚措施，督促自己按计划执行。

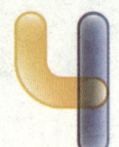

# 上课不分心，成绩得高分
## ——培养专心听课的习惯

## 想一想

我们常说上课分心，就是在听课时注意力被别的事情吸引过去，离开了听课的内容，因此无法专心理解老师讲课的内容，从而造成学习的障碍。要想克服分心的现象，必须首先了解分心的原因。

第一，外部环境刺激往往是引起分心的主要原因。例如：突然下雨了，同学们都没有带雨具，因此上课时常向外看；教室外体育课上不时响起的哨声，使一些同学想起了昨天晚上那精彩的足球赛，虽然人在教室里坐着，心却早就跑到足球场上去了……

第二，心理原因也是引起分心的重要因素。有些同学在上课的时候老是想起自己曾经经历过的有趣的事情。例如：有的学生脑子里浮现出了前一段时间看的电影或电视剧的画面，想到精彩处竟忍不住笑出了声音，有时还情不自禁地与旁边的同学讨论起来，不仅自己不能听好课，还影响了别人。

第三，身体不好或精神不振也是引起上课分心的原因。比如，有些同学没有吃早点的习惯，到第三节课就饿了，怎么下定决心也提不起精神；有些同学晚上看电视看得太晚了，睡眠不够，上课时趴在桌上睡着了，还做一些奇怪的梦；也有些同学体弱多病，感冒了，咳嗽了，影响了听课的效率……

那么，你上课分心是属哪一种原因呢？找出原因，自己就容易找到办法克服了。

## 做一做

找出上课容易分心、注意力无法集中的原因后，我们应该想办法来克服这个不好的习惯。下面有几种方法，你不妨试一试。

1. 克服外界干扰，养成闹中取静的本领。在学习中，有些外界条件是我们所不能改变的，因此掌握"闹中取静"的本领更重要。比如，故意蹲在繁杂的集市或公园看书。当然，开始时会遇到许多困难，但只要坚持下去，就会取得成功。

2. 加强意志锻炼，做支配注意力的主人。在学习中我们除了会遇到外界的刺激外，还会受到内部因素如情绪低落、身体欠佳、不良习惯等的干扰，这些更容易使我们分心。因此，我们要学会以坚强的意志同一切干扰作斗争。汉朝杰出的历史学家司马迁，在被奸人陷害后，在极其恶劣的情况下，用坚强的意志控制自己的情感，经过十多年的艰苦劳动，终于写成了"史家之绝唱，无韵之离骚"的巨著——《史记》。

3. 注意休息。人在疲劳的时候是很难集中注意力的。所以我们必须养成良好的学习习惯，学习时全力以赴，休息时尽情娱乐。

4. 跟上老师讲课的节奏。在听课时如果你遇到了听不懂的内容，千万不要停下来，脱离老师的讲课轨道，你应该在不理解的地方作个记号，然后接着听老师的讲课内容。等下课后，再去向老师或同学请教不理解的问题。

5. 放松心情。如果你在上课时，老是胡思乱想，这时候就先不要强迫自己听课，而是闭上眼睛，全身放松，做深呼吸，尽量排除其他念头，全神贯注数自己呼吸的次数。大约3分钟后，再开始听课，这样你就会集中注意力了。

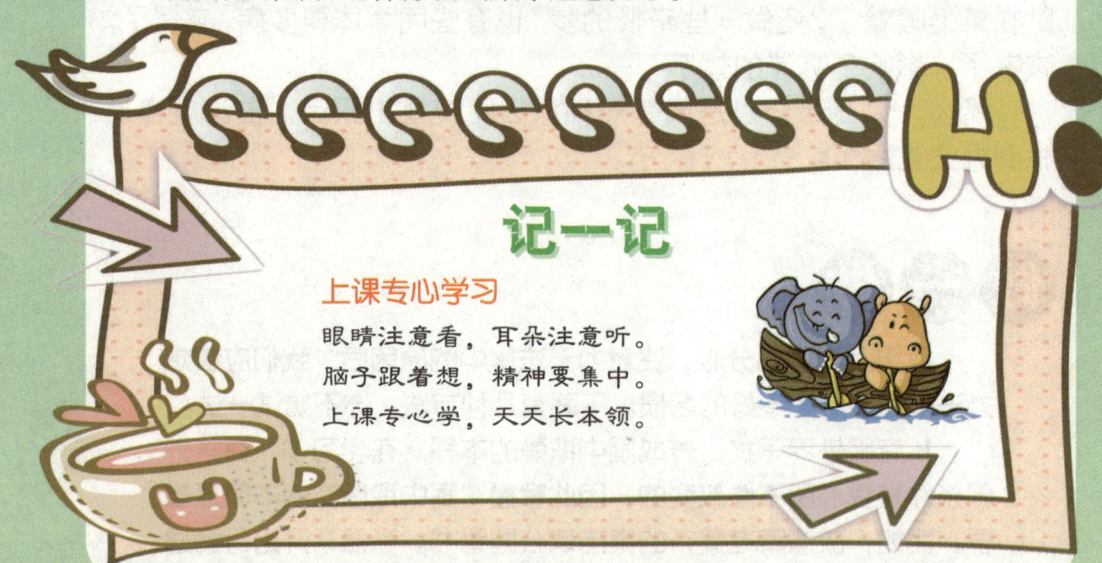

## 记一记

上课专心学习

眼睛注意看，耳朵注意听。
脑子跟着想，精神要集中。
上课专心学，天天长本领。

# 用日记记录成长的脚印
## ——培养每天坚持写日记的习惯

苗苗，星期天你去外婆家都干什么了？

唔，好像……好像和表弟去钓鱼，又好像去捉了萤火虫。

哎！两天前发生的事你忘了吗？你还是养成每天写日记的习惯吧！它既能让你避免遗忘，还能记录你的成长经历。

对啊！我怎么没想到呢。

今天被好朋友愚弄了……

妈妈说要带我去养老院参加义务劳动……

我从10岁开始就坚持每天记日记了。

这么多年，你怎么能那么清楚记得小时候的事？

## 想一想

日记是我们最好的朋友，无论我们感到多么气愤、高兴、害怕、爱恋、危险或困惑，它都会和我们朝夕相伴。日记是我们能够毫无保留地表露内心的好伙伴，我们可以在它那里毫无保留地倾诉衷肠，它会静静地坐在那里倾听，

不搭一句话，而且也不会在你背后说坏话。日记是我们的精神向导，它能够清醒我们的头脑、增强我们的信心，使我们更快乐地生活。

写日记是一种乐趣，读一读过去的日记，能看到我们成长了许多，从前的我们是那么的幼稚，为了一支铅笔，我们可以和朋友翻脸；为了妈妈的一句话，我们可以不吃晚饭。

有时候，我们在写日记的时候也许会碰到一些问题。比如，该如何下笔？我们每天都要面对很多人，熟悉的、陌生的，哪一个让你有所感触？每时每刻都有不同的情绪在你心里，哪一种又是你认为应该捕捉的呢？快乐的，忧伤的，矛盾的，激动的，年少易动的心思，该如何去描述呢？

留心观察生活。我们的生活丰富多彩，每天都要接触家长、老师和同学，对我们有影响的人和事一定不少，"世事洞明皆学问，人情练达即文章"，只要我们善于注意身边的一切，留心观察生活，就一定能写出有意义的人和事，写出自己心灵深处的体验。

写日记贵在持之以恒。如果我们坚持不懈养成了写日记的习惯，某一天因事中断，你会觉得那一天的生活缺了点什么，你会觉得那一天生活不完美。这样长期坚持下去，你的写作水平一定能得到提高哦。

## 记一记

**日记歌**

日记日记，一日一记。茶余饭后，抓住时机。
天天动笔，有助记忆。提高水平，陶冶情趣。
明镜高照，警钟长击。催人奋进，终生受益。
少年朋友，发奋努力。培养兴趣，锻炼意志。
学写日记，贵在坚持。坚持到底，定能胜利！

如何才能养成写日记的好习惯呢？不用着急，按照下面的方法做就可以了。

1. 认真观察。事物是有特点的，我们要注重观察，在观察中分辨出事物细节上的差别。观察内容可以是自然万物，树、虫、鸟、天空、宇宙、星辰等；也可以是人情世故，如人的表情、语言、性格、内心世界；更可以是阅读材料和电视、电影作品。

2. 记录一些好句子。为了提高写作水平，需要背诵一些好句子，不要多，但要经常坚持，如"洁白的良心是一个温柔的枕头"、"黑夜给了我黑色的眼睛，我要用它寻找光明"，也包括大量脍炙人口的古诗、古词、古曲。

3. 每天写一点。在身边永远都带一个小本本，想起来一件有趣的事情，或者值得思考的事情，就立即写下来，可能开始的时候有些困难，一步一步来，你的写作水平就会提高。

# 6 不明白的一定要问
## ——培养善于提问的习惯

# 想一想

　　课堂上，你是不是每一节课都敢于回答老师的问题？遇到疑问时，你是不是勇敢地举起了你的手？

　　不论是小学、中学，我们都会在课堂上提各种问题，但随着年级的不断升高，我们的右手变得越来越沉重，放弃了有问题请教老师的机会，更熟练的是如何对付老师的提问。宁愿把书本背得滚瓜烂熟，也不愿意举起自己的手。而西方一些国家的人的学习习惯却不一样，他们喜欢提问，并且把提问看做是好学、思维灵活的表现，所以当西方的大学教授面对我们这一群不会提问的大学生时，充满了不解和愤怒。

　　其实，我们都知道，不明白，要问，才会明白；明白了，还要明知故问，因为可以通过老师的详细讲解，让自己掌握的知识更加准确，这样才会不断地取得进步。学问学问，勤学好问，好问别人，更要问自己，我们应当时刻给自己提出一些问题，鼓励自己寻找答案。

　　阻碍我们提问的原因有很多，主要还是我们自身被动的学习习惯，不善于思考，有时候也缺乏勇气。因此需要我们注意掌握学习的方法，培养善于发现问题的习惯。对于那些不爱提问题的同学，要从培养学习兴趣开始，树立好学习的自信心。下面，我们在"记一记"中给大家介绍几个培养善于提问的好方法。

## 记一记

如果没有好奇心和纯粹的求知欲为动力，就不可能产生那些对人类和社会具有巨大价值的发明创造。

——陆登庭

顽强的意志可以证服世界上任何一座山。

——狄更斯

如果学习只在模仿，那么我们就不会有科学，就不会有技术。

——高尔基

 做一做

培养善于提问的习惯，可以从以下几个方面做起：

1. 经常向老师提问。遇到没有弄懂的问题时，不要不懂装懂或羞于开口，而是要善于发问，大胆提问。如果有不敢问、不善问的缺点，就鼓起勇气去问，问得多了自然就能克服胆怯的心理了。

2. 在阅读过程中练习找错误。在阅读一些名人所写的书时偶尔会发现书中有文字、语法、典故、常识等方面的错误，发现后把它们记录下来，通过给名人写信或发E-mail的方式指出他们的错误。

3. 自己分析错误。对作业或考试中出现的错误，要静下心来认真分析其原因。通过自己的分析，能够对错误有更深刻的认识，印象更深，更不容易再犯。

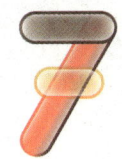

# 7 安排时间读点好书

## ——培养阅读的习惯

## 想一想

知识是人类文明的结晶；书籍，是传播知识的工具。

阅读好书就像是和有学问的人促膝长谈，他们的思想会对我们产生积极的影响。阅读好书，我们可以从中得到有关人生的许多启示，可以从中体验到那些无法直接经历的东西。林肯就是在少年的时候，读到了华盛顿和克雷的传记，从此立下宏伟的志向，最后成为"美国历史上最受人尊敬的总统"。

一个喜欢读书的人能够感觉到读书时妙不可言的乐趣。一个喜欢读书的人，最终即使不能成为伟大的人，也会成为很有学问的人。

所以，我们要培养阅读的习惯。不仅要阅读那些我们喜欢的书，还要阅读各种门类的书籍，只有长期这样坚持下去，我们的见识才能在不知不觉间得到提高。

读书还要掌握一些方法技巧。有的书只需泛读，能够了解大概的主题思想就可以了。有的书则需要我们认真精读，必要的时候还要做读书笔记，把最精华的东西记下来，以便随时查阅。

从现阶段来看，读书与提高我们的成绩有密切的联系。如果想提高我们的写作能力、判断力、想象力、理解力等，多读好书是最好的办法。

在读什么书的问题上，刚开始你可以多听听老师和父母的意见，相信他们一定会帮助你挑选一些适合你阅读的好书。

等到你逐渐养成喜欢读书的习惯时，你已经有很多挑选图书的经验了，这时候，你可以根据自己的爱好和需要，自己去书店买书。每个月去一两次书店，在那里，你会发现许多你感兴趣的新书，你还会遇到很多同样喜欢读书的人，说不定还能交流交流呢。

## 记一记

读书破万卷，下笔如有神。
——杜 甫

看书不能信仰而无思考，要大胆地提出问题，勤于摘录资料，分析资料，找出其中的相互关系，是做学问的一种方法。
——顾颉刚

培养阅读的习惯，要做到以下几点：

1. 有节制地看电视。"关掉电视，去阅读伟大的著作，它会开启你的智能之门。"这是美国作家理查德的真诚忠告。种种迹象表明，电视让我们冷落了书籍。电视虽然给我们感官上的愉悦，却无情地消耗了我们宝贵的时间。

2. 制订阅读计划。根据自己的阅读兴趣，制订阅读计划。古今中外的文学经典，应该是我们阅读的首选。让我们的心灵与大师们交流、碰撞，让我们深切地感受到文字里所蕴藏的瑰宝。

3. 掌握高效的阅读方法，有选择地阅读。读书的过程，是欣赏和接受的过程，也是思考和感悟的过程。如果能经常用自己的语言表达读书的感想，那将是一件极有意义的事情。

# 让参考书做自己学习的好帮手

## ——培养使用参考书的习惯

## 想一想

  字典就像"百宝箱"，它积累了各种各样的知识，越翻就越能增加知识、增强记忆。遇到自己不知道的词语和问题时，也许向别人打听一下，立刻就能解决问题。但是请教他人是通过耳朵去获得知识的，如果事后自己不再作一次验证，记忆很快就会淡化了。

  查阅字典，弄清单词意义、用法，这是记忆的思想准备。翻阅字典，理解了词义，就会弄清它的实际用途，这对于学任何一门功课都非常有帮助，而且在我们的实际生活中也很常见。

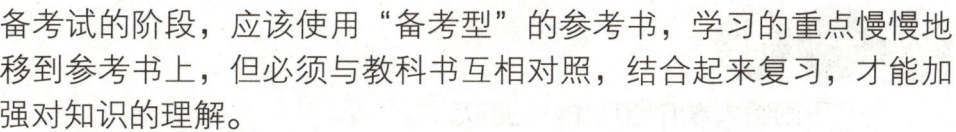

  参考书其实就是我们学习上查缺补漏的工具。学习的重点，主要是放在教科书上，参考书只能当作查缺补漏的工具。在准备考试的阶段，应该使用"备考型"的参考书，学习的重点慢慢地移到参考书上，但必须与教科书互相对照，结合起来复习，才能加强对知识的理解。

  参考书是为补充教材的不足而编写的，是学习不可缺少的"助手"。有人曾经把教材比作人体的骨骼，而参考书则是人的血肉。所以，我们要利用参考书的这种作用，为我们的学习服务，让参考书成为我们学习的好帮手。

Hi

## 记一记

有些书可供一赏，有些书可以吞下，有不多的几部书则应当咀嚼消化；有的书只要读读其中一部分就够了，有些书可以全读，但是不必细心地读，还有不多的几部书则应当全读、勤读，而且用心地读。

——培 根

读书而不理解，等于不读。

——夸美纽斯

在读书上，数量并不列于首位，重要的是书的品质与所引起的思索的程度。

——富兰克林

做 一 做

下面给大家介绍几个学习的方法。

1. 勾画重点、难点。重要的地方，用红笔画线做记号，不明白的地方用蓝笔做记号，并及时向老师请教。运用彩色笔勾画重点、难点，在下次复习时，就可以一目了然，节省好多时间。

2. 做辅助性笔记。如果只是浏览，内容并不会留在脑子里，因此看参考书时一定要准备笔记本，把要点一一摘录下来，以加强印象，帮助记忆。

3. 抓重点。不管出于什么样的目的来使用参考书，都应抓住大纲上规定的重点内容，否则就是捡了芝麻，丢了西瓜，得不偿失。

# 把考试当作平常的事情

## ——培养正确对待考试的习惯

别老看书，也要吃点东西。

没有胃口。

你想干什么？

我也不知道，心里发慌。

监考老师一到我身边，我就犯晕，写不了字。

你这是太紧张了。

考前深呼吸，想象自己置身于一个美丽的地方。

啊，好像没那么紧张了。

离考试结束还有15分钟。

## 想一想

漫画中的学生，都或轻或重地表现出了害怕考试的心理问题，这是一个对我们有很大影响的"坏习惯"。在我们今后的人生道路上，接受大大小小的考试将不计其数。如果没有一个健康面对考试的心理，将会直接影响我们现在的生活和未来的发展。培养正确面对考试的习惯，是我们必须做的事情。

首先，要"知己知彼，百战不殆"。你对自己的能力要有一个正确的认识，既知道自己的优势，又清楚自己的弱点。复习一方面要夯实基础，另一方面应查漏补缺。不要在临近考试时才买习题集，专攻难题。这样做既浪费时间，又会影响自己的情绪，甚至会打击自己的自信心。考生应该重点进行基础练习，每天都应该坚持做基础题，目的就是为了确保在考试的时候把那些容易的和基础的题做得又快又准确。此外，应该对自己的弱项做一些有针对性的练习，多做一些以前做错的题，真正做到举一反三。

其次，考试前调整状态很重要。第一，调整生物钟，把休息时间延长。大多数同学平时休息得很晚，在调整阶段，晚上睡觉的时间要一点点儿提前，千万不要在最后阶段搞"疲劳战术"。第二，把自己感觉最有效的时间段调整到与考试相吻合的早上9点到11点，下午3点到5点。可以在这两个阶段做和考试科目、题型相类似的练习。第三，缓解压力。考试一点压力都没有是不可能的，但要努力把它控制在一个范围内。

## 记一记

谨慎的行动要比合理的言论更重要。

——西塞罗

不要想到什么就说什么，凡事必须三思而行。

——莎士比亚

考试时间虽然短暂，但需要的是平时对知识的积累，稳扎稳打才能百考不败。就让我们从生活的点滴之处做起，正确地面对考试。

1. 要培养做事仔细、认真的习惯。有些学生既聪明又能干，学习也不错，但却有马虎的毛病，没审好题，结果答错了。对于这样的同学，要培养做事、做作业、考试精益求精、一丝不苟的习惯。

2. 以平常心对待考试。拿到考卷不管是什么题都要以平常心对待，对难题不畏惧，对简单题不盲目乐观。

3. 进行准和快的训练。要根据平时考试常犯的错误，常出的毛病，拟订一些题目自己来做，要求又准又快。这样来训练做题的准确性，提高准确率。经过这样的多次训练就会提高简单题的得分率，逐步可以达到百分之百的得分。

4. 学会自我监督。抄录自我提醒的"语录"。例如，"坚决消灭错别字"，"不要忘记复数"等，放在自己桌子的玻璃板下或贴在作业本第一页上。

# 10 多动脑筋勤思考

## ——培养善于思考的习惯

## ⫼ 想一想

华佗的机智并不是说他的智力水平超过了其他小朋友，只是说明他善于思考。事实上，一个人的智力水平与他所取得的成绩联系是很小的，并不起到决定作用，好的成绩取决于我们良好的思考习惯，使智力的潜在能力得到了充分发挥。

认真的思考虽然为解决问题的过程增加了一个环节，却使解决问题的时间缩短了很多，大大提高了学习的效率。在我们平时的学习中，有两种类型：一种是不经过思考的学习，即使学习了，很快就会忘得一干二净；学习了，理解了，加上自己思考后的东西记得牢，往往会一生受益。

而现在我们的学习，无论是在学校，还是在家里，主要是第一种，也就是不经过自己思考的学习。在我们的学习中，我们只注重学习了多少内容，记住了多少内容，考了多少分。整个过程就是靠死记硬背，懒得去思考。如果这种倾向不扭转，我们的大脑只能是一个打水的竹篮，是不能留住知识的。

养成认真思考的学习习惯对我们是非常重要的，它可以帮助我们加深对知识的理解和记忆，把分散的知识连接成一个整体，从总体上把握知识结构，提高学习成绩。养成认真思考的学习习惯，有利于对书本知识有选择地吸收，可以防止"死读书"，提高个人的学习能力。养成认真思考的习惯，还可以不断解开疑团，激发灵感，从而发现一些新事物，发明一些新东西。

# 记一记

**格言 思考**

经历是至理名言的母亲，而思索则是它的产婆。

无知的芳龄，不是真正的青春。

智慧的花朵，常常开放在痛苦思索的枝头上。

养成善于思考的习惯，可以从以下几方面做起。

1. 端正思考态度。不要认为自己聪明就懒于思考，对任何东西都不加思考地发表看法是极其错误的，对待问题要养成认真思考的习惯，这样可以让你的思维更加灵活和严密。

2. 随时随地进行思考。无论是去博物馆，还是读书看电影等，都要多问几个为什么，开动大脑认真进行思考。

3. 全面思考问题。对任何事物，都要仔细考虑它们的优缺点以及是否有吸引力，是否可以参考等。

4. 勤于归纳，触类旁通。学习的过程就是将一点一滴的知识聚集起来的过程。把所学的知识进行合理归纳，不必重复学习同样的东西，学会举一反三会为你节省不少的时间。

# 11 知识在应用时才有力量
## ——培养学以致用的习惯

## 想一想

通过这个故事，大家就会明白：学习知识不能只啃书本，一味按照书本的理论做事情而不结合实际，结果只能是一无所获。

我们学习如果只为了考试的话，那只是把学到脑子里的知识再倒出来，这是每个人都可以做到的。如果你看看周围的人，也许会发现，有的人学习后工作很出色，做出了不少的成绩；而有的人却很普通，平平淡淡的。这些差别有一部分就是学以致用带来的。有的人善于把学到的知识用到生活中去解决问题，使学到的知识更扎实，也会增加更大的学习兴趣，学习会越来愈好，解决问题的能力也会不断地增强。这样日积月累，原来很小的差别就会变成很大的差别。

英国文学家培根说："知识就是力量"。在现代社会，只掌握知识还是不够的，关键在于把自己学到的知识运用到实际的生活中及工作中，使知识发挥力量。如果没有把学习到的知识和生活中的事情相结合，就会像漫画中的读书人一样，一无所获。

所以，我们在平时的学习中，要培养学以致用的习惯，这种习惯的培养虽然需要很长的时间，但对于我们今后的发展是十分有利的。

## 记一记

在人的生活中最主要的是劳动训练。没有劳动就不可能有正常人的生活。

——卢 梭

培育能力的事必须继续不断地去做，又必须随时改善学习方法，提高学习效率，才会成功。

——叶圣陶

如果你还在为学习成绩的落后而烦恼，还在为自己笨手笨脚而苦恼，那么从现在开始，养成学以致用的习惯吧，你的学习和生活将会变得更加快乐的。

1. 书里书外结合起来。书本上的知识就是对生活中的事物的记叙和描写，如果在学习书本知识的同时能够联系、联想到生活中的事物，你就会加深理解，增强记忆和学习的效果。

2. 课堂内外结合起来。课堂上老师教给我们很多动手方面的知识，比如：课外观察昆虫，做一次调查，做一种游戏等。我们一定要亲自去做，感受其中的乐趣，培养自己的动手能力。

3. 想和做结合起来。其实，你的很多想法是可以实现的，你也可以成为发明家，差别就在于想和做之间。所以，不要让你的想法停留在大脑里，要动手去做一做。

 **不打无准备的仗**
——培养课前预习的习惯

# 想一想

　　兵书上讲"知己知彼，百战不殆"，上课也应该像打仗一样，要对课上所学的东西做到心中有数，才能取得学习上的主动权。做到这一点最好的办法就是课前进行预习。预习的最大好处是使我们的学习一步紧跟一步，一环套一环。预习使我们变得积极主动，而只有站在主动进攻位置上的人才容易打胜仗。

　　在老师讲课前，我们要对新课进行预习，听课的时候就可以做到心中有数了。由于是新课，预习时可以不要求深入理解，了解新课的知识结构并且做好记录，明确听课的重点、难点和疑点就可以了，这样可以有目的地听课。对于新课先有准备，自然听课的时候就会减轻学习难度，学习起来轻松自如。对于一些重要的地方，还能记得更牢。在预习中有印象的地方，更会加深印象，接受起来感到非常的容易。如果没有课前预习，听起课来就会感到紧张，一头雾水，学习难度加大。

　　学习本身就是由预习、上课、整理复习、做作业四个环节组成的。预习是头一个环节，缺了这个环节，就会影响下面的几个环节的正常进行。如果你还没有养成课前预习的习惯，现在就改变它，坚决做到先预习后上课，但也不要一下子铺开，各门功课都提前预习。先从重点学科开始，按时间多少安排。这样既不太紧张，也从容不迫，然后推广到其他学科。达到预习的好效果，并由此养成预习和自学的好习惯。

# 记一记

**语文预习歌**

预习浪重要，不要忘三条；第一识生字，翻查生字表。
解词连课文，琢磨需动脑；第二看习题，作业做几道。
疑难等上课，听课便知晓；第三抓中心，归纳浪重要。
运用自己话，复述更简要；预习认真做，课文理解好。

养成课前预习的习惯，建议大家按以下的步骤来做：

1. 熟悉教材。先将教材泛读一遍，掌握大概意思，然后再精读。精读时，可初步勾画出重点、难点、疑难问题。

2. 认真思考。预习时要运用相关知识对问题进行积极的思考，弄清新旧知识的内在联系和新内容中的概念、定律、公式等知识点。如果对某些问题有初步的体会和感受，可以适当作批注。

3. 做习题和实际操作。预习时可适当地做些练习题，及时检查预习的效果。如果有可能，还可做一些必要的操作，如现场观察、调查研究等，为上新课做必要的准备。

4. 认真做笔记。做预习笔记是预习过程中的一个重要环节，一定不能忽视。具体来说，预习笔记主要包括章节中的重点结构、主要问题、疑难问题和心得体会四方面。

# 13 掌握记忆的小窍门

## ——培养遵循记忆规律的习惯

## 想一想

　　有时候你是不是也会有这种健忘的情况？学习也一样，这都是我们记忆疏忽的原因。

　　学习就是一个理解、记忆和运用的过程。也就是说，记忆在学习中占了很大一部分，并影响学习效果。如果从现在开始掌握一些科学的记忆方法，并灵活运用，就可以明显提高学习效果，一分钟的时间起到两分钟的作用。这样不仅可以迅速提高我们的成绩，还能省出更多时间去做一些喜欢的事情。

　　首先，兴趣是记忆最好的老师。在所有的记忆规律中，最重要的一条是保持兴趣，没有兴趣，就不可能真正记住需要掌握的知识。根据科学家对人的记忆过程的研究，得出了一个结论：记忆是否深刻，与头脑的兴奋程度有直接的关系。这意味着，记忆的过程必须专心，同时对要记忆的材料保持一种兴奋的精神状态。如果需要记忆，首先要用适当的办法，让我们的精神兴奋起来。

　　其次，自信心也是非常重要的。在记忆之前，必须先进行记忆调节；树立自信心，相信自己一定能掌握这些材料。千万不要在记忆之前先怀疑自己，担心自己记不下来。记忆过程中，也要控制好自己的心态，不能太急躁，这样会影响你正常的思考，使大脑在紧张的气氛中工作，这是无法顺利完成记忆任务的。

　　另外，一次记忆的材料不宜过多。应该控制好每一次记忆材料的总量，如果总量多了，非常容易产生大脑疲劳，使记忆效率下降。

　　关于记忆的规律还有很多，我们将在"做一做"中加以介绍，希望大家养成遵循记忆规律的习惯，轻松愉快的学习。

　　下面给大家介绍几条记忆的规律。

　　**1. 记忆的时候，要保持愉快的心情。**有一句话说"人逢喜事精神爽"，一个人遇到喜事的时候，他的精神状态就特别好。而精神状态好、心情愉快的时候学习，记忆效果就很好。如果心情不好，则效果非常差，甚至半天也不知道自己看了些什么。

2. 不要长时间学习同一种知识。我们在学习的时候，最好是同一种知识只学30分钟，然后学习另外一种知识，这样不断地交替。例如，先用30分钟学数学，紧接着用30分钟学语文，让大脑均衡地运转，以提高学习效率。这种交替的方式能够有效地提高记忆的效果。

3. 学习的时候要多动手。我们在记忆某种知识的时候，不要只是不管三七二十一地猛记，而是动手去"写"，在"写"的过程中使知识在脑海中留下清晰而深刻的印象。"要记得牢就得多动手"，我们应该养成边写边记的好习惯。

4. 制作学习小卡片。不管走到哪里，要随身携带笔和一些小卡片。这些小卡片上可以是英语单词、名人格言、历史年代、地理名称等等。随时随地都拿出那些卡片翻来覆去地看。这对增强记忆来说，效果很好。

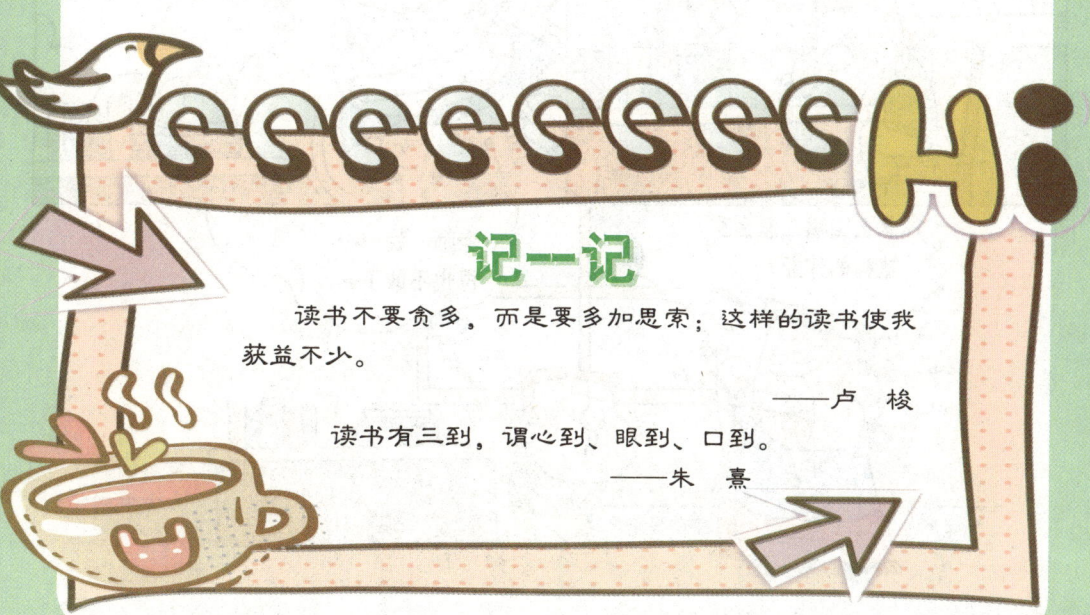

记一记

读书不要贪多，而是要多加思索；这样的读书使我获益不少。

——卢 梭

读书有三到，谓心到、眼到、口到。

——朱 熹

# 做作业不马虎，做事不糊涂
## ——培养认真完成作业的习惯

我倒要看看自动铅笔是怎么回事。

升到十五级再写作业也不迟。

豆豆，作业写完了吗？

晚上12点

气死我了。豆豆同学竟然把"海南岛"写成"冒险岛"了。

怎么回事？怎么交这样的作业？

老师，我……再也不敢了。

## 想一想

你是不是在做作业的时候，一支笔在手里握着转啊转啊，半天过去了，一个字都没写；你是不是手里拿着点心边吃边写；你是不是一边看电视，一边写作业；你是不是在写作业的时候，听到了小猫的叫声，就和猫咪玩耍了起来。这些都是不认真完成作业的表现。

做作业还要讲求质量和效果。像漫画里豆豆的做法纯粹是一种敷衍了事，不负责任的行为。我们可不能像他那样学习。

做作业是学习过程中不可或缺的一个环节，缺了这个环节，学习过程就会出现中断。做作业要讲究时效，今天要完成的作业决不能拖到明天。如果你感觉自己对时间的要求不强，就每天把老师安排的作业做一个时间计划表，按时间的先后顺序来完成。

我们不仅要认真完成作业，还要讲究方法。有方法，做一道题顶别人做三道题；没有方法，做了三道题也许只能顶别人做一道题，差别很大。这些方法会在"做一做"中详细地告诉你。

知道了认真做作业是一项重要的学习习惯后，有没有发现自己需要改进的地方？不要再多想了，你现在有没有把老师今天布置的作业认真完成了呢？

按照有效的方法去做，养成良好的习惯，美好的未来就在你的面前。

1. 不要对所有的题"一视同仁"。善于学习与不善于学习的同学之间最大的区别之一就是谁能抓住重要的信息，知道这道题主要讲的是什么东西，透露着什么信息。而不是眉毛胡子一把

抓，一视同仁。

2. 着重做不会的题。很多同学都犯这样一个毛病：会做的重复做，不会做的不闻不问。这是做题的一个错误。善于学习的同学则不这样，会做的题少做，专挑不会做的题反复练习，这样才能学到新的东西，提高自己。

3. 经常整理做过的题。有些同学经常是做完了题就一扔，像是在完成任务似的。而有些同学则分门别类地整理自己的作业，不断地总结和发现新的问题。

4. 不时翻看整理作业。作业整理好了，应该同课本一样放在书桌前或者最显眼的位置，不时地提醒自己翻看。要不然，整理得再好又有什么意义呢？

## 记一记

### 明日歌

明日复明日，明日何其多。

明日待明日，万事成蹉跎。

世人皆被明日累，明日无穷老将至。

晨昏滚滚水东流，今日悠悠日西坠。

百年明日能几何？请君听我《明日歌》。

# 爱护公物，从我做起

## ——培养爱护公共财物的习惯

## 想一想

上面的漫画反映了同学们对待公物的态度，也在告诉我们不要毁坏公物，要爱护公物。这样对自己和大家都有好处。

公共财物，是大家共有的，谁都不能任意毁坏。我们人人都有保护公共财物的责任；如果有人破坏公共财物，谁都有权利制止这种不文明的行为。

如果我们自己的私人财物如衣服、书本、玩具等损坏了，就会觉得很不方便，如果公共财物受到了损坏，不方便的就不仅仅是一个人了，而是大家，是共同生活在一起的许多人。比如教室里的门窗，如果关不严或者破了，冬天冷飕飕的风吹进来，全班同学都会受冷；下雨天雨水进来，淋湿同学们的桌椅和书本，会影响同学们的上课和学习啊！

有的同学可能会说，公共财物坏了不要紧，赶紧修修不就行了吗？可是，同学们想一想，维修公共财物是不是要花钱呢？如果公共财物不毁坏，我们是不是可以省下维修费，拿这些钱去做别的更有意义的事情呢？

可是在我们的周围，毁坏公物的现象是经常发生的，例如在公共汽车、火车、出租车、地铁、公园、电影院等地方，有的人把脚踩在座椅上；瓜皮果壳乱扔，弄得满地都是；下雨天进入室内的时候，不把雨具收起来放在塑料袋里，任凭水滴滴得到处都是；在图书馆翻阅图书杂志时，乱撕书页、乱涂乱画；在休闲场所，破坏公用电话标签；在风景旅游点，乱刻字和随意拍照等等。我们遇到这样的现象，要上前说服或者制止这些行为。

因此，只要是公共财物，不管是一草一木，还是一桌一凳，我们都要善待它们，像爱护自己的财物一样爱护它们。

## 记一记

一滴水只有放进大海里才永远不会干涸，一个人只有当他把自己和集体事业融合在一起的时候才能最有力量。

——雷锋

活着，为的是替整体做点事，滴水是有沾润作用，但滴水必加入河海，才能成为波涛。

——谢觉哉

谁若与集体脱离，谁的命运就要悲哀。

——奥斯特洛夫斯基

做一个爱护公共财物的文明少年，从现在开始吧：

1. 珍爱周围的公共财物。不管身在何处，都要严格要求自己，即使有破坏公共财物的行为，也不要盲目模仿，而要坚持自己认为正确的行为。

2. 阻止破坏公共财物的行为。生活中难免有一些人会做出有损公共财物的行为，我们可以适时地帮助和提醒这些人，共同维护美好的家园。

3. 公共财物面临损失时要及时报告。有些人损公肥私，盗窃或者侵占国家公共财产，一旦你发现了这种现象，要及时报警。不要单枪匹马地与这些犯罪分子面对面地作斗争，要快速报告。

4. 做力所能及的事情。如果发现公共财物被损坏了，为了美观和便利，我们可以做一些力所能及的事情。比如清洗涂画痕迹，拧一拧松动的螺丝，扶一扶倒下的花草等。

# 16 做一个守法的小公民
## ——培养遵纪守法的习惯

## ▐▋▎ 想一想

　　沉痛的事实告诉我们，从小就应该学习法律知识，养成知法、懂法、守法的好习惯。法律是无情的，它不会因为我们年少而不追究责任，也不会因为我们不懂法而减轻罪过。很多青少年朋友犯法就是因为不知法、不懂法，就像漫画中的孩子，认为自己偷拿家里的钱不算"偷"。事实上，偷家里的钱和偷别人的钱是一样的，属于偷窃行为。当被送入少管所成为少年犯的时候，再去反思自己的行为，那时就晚了。

　　近年来，青少年的犯罪率急剧上升，犯罪年龄也越来越小。据报道：浙江省 1983 年抓获的未成年人犯罪嫌疑人共 2 995 人，而到了 2004 年却达到了 12 663 人，12 年上升了 4 倍多。现在青少年犯罪已经成了一个令人关注的社会问题。

　　因此，我们一定要从小学会按照法律的准绳去评判各种或简单或复杂的社会现象，根据法律的要求来决定自己可以做什么，不可以做什么。千万不要做出让自己悔恨的事情来。

　　与此同时，当自己的合法权益受到侵害时，我们一定要学会运用法律武器来保护自己。

## 记一记

**学法守法歌**

不懂法律危害大，如同盲人骑瞎马。
人人学法长本领，心明眼亮走天下。

 做一做

做个遵纪守法的小公民，要从以下几点做起。

1. 认真学习和遵守校规校纪。《小学生守则》和《小学生日常行为规范》是学校整个集体的行为准则，每个学生都应遵守，不能任性妄为。

2. 养成健康的思想、品行。进行有益身心健康的活动，看一些积极有益的书刊，陶冶自己的情操。防止不良思想的影响，拒绝看不健康的书刊、音像制品。

3. 开展健康的人际交往。不良交往是导致违法犯罪的一个重要因素。交朋友要谨慎，多交一些在品行上超过自己的朋友，相互学习，相互促进，坚决拒绝与社会上不三不四的人交往。

4. 学习法律知识。可以请爸爸妈妈帮助你有针对性、有选择性地学习。例如《宪法》《教育法》《国旗法》《国徽法》《未成年人保护法》《环境保护法》《治安管理处罚条例》等内容，从而掌握有关的法律知识。

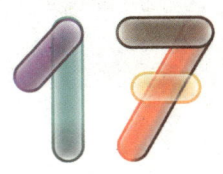

# 做保护环境的小卫士
## ——培养爱护环境的习惯

## 想一想

人类啊，救救我吧——一条曾经为你们带来无限欢乐的小河。

多么可怜的小河啊！它曾经为我们带来许多快乐，有些人却不知道珍惜，随意践踏，致使人们再也不能分享小河的美丽。不仅小河生病了，我们人类也因为水污染正在蒙受着各种自然灾害的侵袭，

遭受着各种各样的痛苦。例如，淮河水污染严重，两岸的庄稼都靠这严重污染的水来浇灌，所以淮河沿岸百姓的健康和生存问题都受到严重影响。再如，近年来频繁骚扰长江以北地区的沙尘暴，给人们的生产、生活也造成了诸多不良影响。

了解了环境恶化所带来的不良后果，我们就要树立爱护环境的意识，赶快行动起来保护身边的环境，做保护环境的小卫士。

那么，我们如何保护环境呢？

保护环境包括很多内容，因为环境包围和渗透在我们生活的点点滴滴中。我们要呼吸，需要减少空气污染；我们要喝水，需要避免水污染；我们要吃饭，需要消除土壤污染；我们要健康，需要避免电磁辐射，需要减少噪音污染，还要小心家庭装修中的污染。

## 做一做

保护环境是关系到人类生存和社会发展的大事，需要政府、企业、个人方方面面都来关心和参与。那么具体到我们小学生，在保护环境方面可以做的事情有哪些呢？

1. 减少污染源。尽量使用可降解的塑料制品，尽量不使用一次性筷子、一次性饭盒等。购物时，尽量使用布袋、竹篮、纸袋等，如果用塑料袋，应尽可能把物品放在一起，减少袋子的使用数量。

2. 节约水、电、纸张。包括减少使用的总量，废物利用或循环使用两方面。如洗脸或洗衣的水可用来拖地或冲厕所，写满字的纸张可以用来做剪纸或折纸。

3. 妥善处置垃圾。不要随意丢弃垃圾，要把垃圾分类扔进垃圾箱内。另外，要注意不可随意焚烧垃圾，以免污染空气或导致其他危险。

4. 旧电池等电子垃圾不可随意丢弃。一定要把它们放到旧电池回收箱里，尽量使用充电电池。

5. 保护动植物。不攀折花木，不践踏草坪。爱护动物。积极参加种植花草树木和保护动物的公益活动。

6. 不乱写乱画。在游览美丽的湖光山色、人文景观和文化古迹时，要严格遵守景点处的各项规章制度，做到"除了脚印，什么都不要留下；除了垃圾，什么都不要带走"。

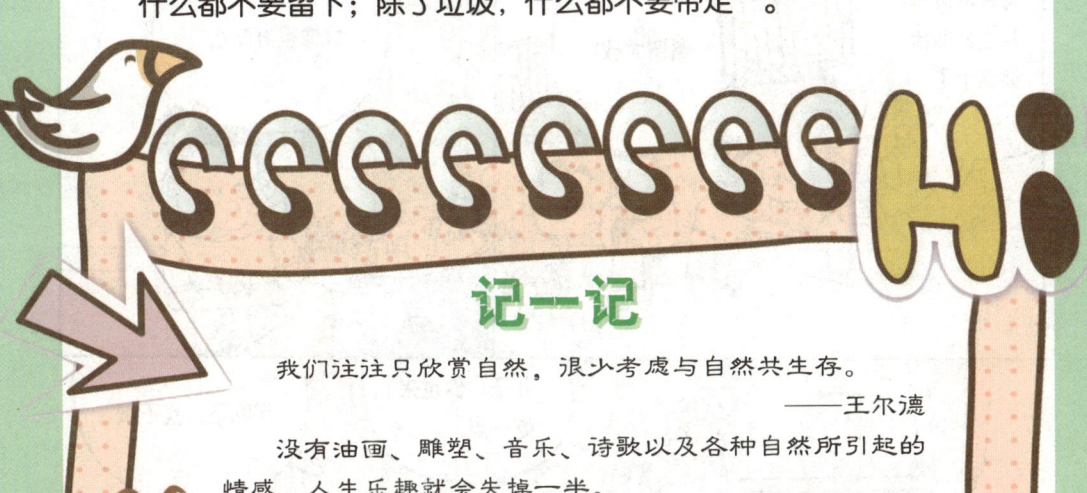

### 记一记

我们往往只欣赏自然，很少考虑与自然共生存。

——王尔德

没有油画、雕塑、音乐、诗歌以及各种自然所引起的情感，人生乐趣就会失掉一半。

——赫·斯宾塞

到广阔的天地中去，聆听大自然的教诲。

——布赖恩特

背离自然也就等于背离幸福。

——约翰逊

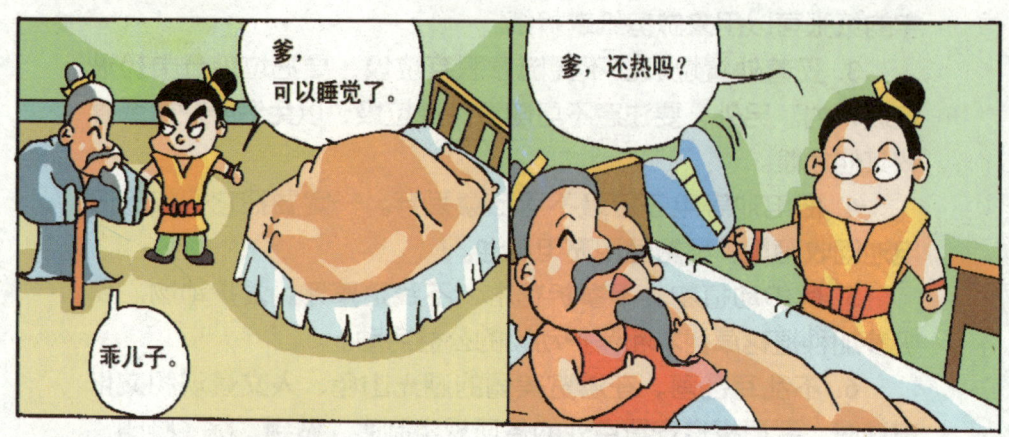

## 想一想

　　我们每个人的成长都离不开父母的养育，爸爸妈妈辛辛苦苦在外面工作，在家里要干家务，还要照顾我们的生活和监督我们的学习。他们都有一个共同的特点，就是总爱说"反话"：明明是累了，但为了让我们吃好穿好，却说自己不累；明明是饿了，但有好吃的却为我们留着，说自己不饿；明明是困了，但还陪着我们做功课，说自己不困。当父母的大都这样，把自己的全部身心都给了孩子。可是我们做子女的，是否常常为父母着想呢？

　　孝敬父母不是一句空话，应该体现在行动上，更要从小事做起，在日常生活中培养孝敬父母的好习惯。当父母生病的时候应该主动端茶送水，为他们求医问药，多说些宽慰的话，多陪陪他们；当父母外出的时候，我们应提醒父母是否遗忘东西或注意天气变化；平时在家要承担力所能及的家务劳动，如打扫卫生、洗刷碗筷等。这样坚持不懈，持之以恒，孝敬父母自然而然就成为我们的习惯了。

记一记

时时体贴爹娘意，莫教爹娘心挂牵。
　　　　　　　——出自《劝报亲恩篇》
好饭先尽爹娘用，好衣先尽爹娘穿。
　　　　　　　——出自《劝报亲恩篇》

　　坚持不懈地做以下事情，不久你就会变成爸爸妈妈的孝顺宝贝了。

　　1. 在爸妈工作完后，问候一声："妈妈、爸爸，您歇会儿吧。"

　　2. 在爸妈下班回到家时，给他们倒杯水。

　　3. 爸爸妈妈休息时，说话、走路或看电视都要轻轻的，尽量不打扰父母休息。

　　4. 饭前帮妈妈摆放好餐具。

　　5. 饭后收拾餐具，洗碗、擦桌子。

　　6. 记着爸爸妈妈的生日，亲手为他们做一个小礼物。

　　7. 爸爸妈妈生病时不忘提醒他们吃药。

　　8. 把自己的房间收拾整洁，不给爸爸妈妈添麻烦。

　　9. 爸爸妈妈批评我们的时候要虚心接受，想想爸爸妈妈都是为我们好，自己应该学会反思并渐渐改掉缺点才对。

　　10. 不独占好吃的东西，和爸爸妈妈一起享用。

# 19 谢谢你，不客气
## ——培养文明用语的习惯

## 想一想

其实，故事中豆豆说脏话的原因是他已经把那句话挂在了嘴上，并形成了习惯，不留意时就会脱口而出。我们可不要学豆豆，要坚决拒绝脏话，养成文明用语的习惯，做一个有教养的人。

你可以想象这样的场景：当你走进校园时，不小心踩了一个同学的脚，他马上就骂"妈的"，这时候，你会是什么样的心情呢？而如果是另外一种场景，你踩了同学的脚，面带歉意地说声"对不起"，他宽容地笑着说"没关系"，这种情形下，你的心情又是怎样的呢？显然，在第一种情况时，当你说"对不起"时可能就把那句脏话给堵了回去，你还会愤愤不平吗？而第二种情况下，你们都会感到心情愉快。

人与人之间的沟通交流有很多种方式，其中最直接最有效的沟通，就是善意的微笑。这样可以使人与人之间更容易沟通，让人感觉彼此更加友善，生活更加温馨。而且，文明礼貌可以表现一个人的宽容大度，当别人帮助你时，要懂得向他说声"谢谢"，这样可以使对方的内心更加温暖；出现矛盾时，一声"对不起"可以消除对抗情绪，使双方冷静下来，停止发怒。

试想一下，如果你遇到的人都说粗话脏话，这个世界将会是怎样一种令人难过的景象啊！反过来说，如果我们身边的人都能够礼貌待人，我们的心情就会变得轻松愉快起来！

养成文明用语、礼貌待人的好习惯，做一个有教养的人，请从下面的小事做起吧。

1. 个人礼仪。做到站有站相，坐有坐相。站立时要身体立正、挺胸收腹、脚尖稍向外呈"V"字形，切忌无精打采、探脖、耸肩、塌腰。说话时应面带微笑，公共场合不要随便剔牙、掏耳、挖鼻、搔痒、抠脚等。交谈时应使用文明用语，简洁得体。

2. 公共场所礼仪。遵守交通法规，主动与熟人打招呼，互相问候。行人互相礼让，主动给年长者、残疾人让路。适时使用礼貌语言，如"您好"、"谢谢"等。在影剧院里，不大声喧哗，不乱扔果皮纸屑，适时礼貌鼓掌。乘坐公共汽车、火车时，要照顾老幼病残孕。

3. 待客与做客礼仪。接待客人时，应事先把房间收拾整洁。客人进屋后，请客人在合适的位置落座。主动送上茶水，双手递接物品，交谈时要大方主动。客人走时应礼貌挽留。做客时要仪表整洁，谈吐文明。不经主人允许，不可随意动用主人家里的东西。用餐时不能抢先入座，先夹用食物。告别时要说感谢的话，如"谢谢您的热情招待"等。

## 记一记

**文明用语歌**

初次见面说"您好"；请人解答说"指教"；
客人来了说"欢迎"；麻烦别人说"打扰"；
表示歉意"对不起"；表示回礼"没关系"；
表示感谢说"谢谢"；向人祝贺说"恭喜"；
白天分别说"再见"；晚上分手道"晚安"；
请人勿送说"留步"；交注"请"字记心里；
好话一句三冬暖；恶语出口六月寒；
文明学生语言美；走遍天下美名传。

#  说了就要努力做
## ——培养守信用的习惯

战国时期，诸侯国纵争，每天战火不断。

秦孝公和商鞅商量如何变革，富国强兵，其他大臣反对。

反对无效。

我反对。

告示
把木头搬到北门者赏金子十两。

有这样容易的事？谁相信谁是笨蛋！

鬼才相信。

五十两啊，如果我得到……

哼，哪有这样便宜的事。

哎呀！赏金已经加到五十两了！

秦国变法犹如这个赏金，说到做到。

早知道，我就……

看你们以后还敢欺负我！

哼，别得意太早。总有一天拉你下马！

秦王

## 想一想

　　商鞅为什么能成功呢？说话算数是最重要的原因。说了就要去做，是我们与他人相处的一个非常重要的好习惯，也是做人的美德。只有守信的人，才能得到别人的尊重和信任，才能成就大事业。

　　一个满嘴大话、空话、假话的人，你愿意和他交往吗？如果一个朋友说星期天来找你一起出去玩，你满心欢喜地在家里等着，可他却没有来，早已经把自己的话忘在脑后了，你会喜欢这样的朋友吗？他再约你去哪里的时候，你还会相信他吗？所以，我们要养成言而有信的好习惯。当你对朋友承诺了一件事情的时候，一定要说话算数。即使遇到了困难，也一定要做到，只有这样才能获得别人的信任。如果你言而无信，朋友们上了一次当，就不会上第二次当，那么，你的朋友会越来越少，你也会变得越来越孤独。

　　也许一些朋友会想：难道诚实守信就那么重要吗？我们周围有很多人爱说大话空话，他们却占了很多便宜，这该怎么解释呢？

　　生活中的确存在这样一些现象。一些人也确实靠要花招儿、玩小聪明获得了一些好处，但这些只是眼前利益、小利益，最终会因小失大，走向失败。一个人，要想得到别人的信任和帮助，最好的办法就是说话算数，诚实守信。我们也更愿意和那些守信用的人打交道。

## 做一做

　　无论是谁都想有一些好朋友，都希望朋友能真诚地对待自己，可是，如果自己对别人不诚实，是很难获得他人的友谊和信任的。要养成诚实的好习惯，需要我们在日常学习和生活中努力培养这种好品质，而且要从每一件小事做起，严格要求自己。

　　1. 树立守信的观念。信任建立在诚实的基础上，只有时时刻刻提醒和要求自己诚实，才能慢慢树立自己的信用。记住，一句谎话就有可能丢了信任。

2. 学会说"不"。当有朋友向你寻求帮助的时候，要先考虑自己的实际情况，看自己是否能够完成朋友的要求，如果觉得有困难，就要委婉地说"不"，切记，不要为了自己的面子而丢掉了信任。

3. 如果答应了别人的事情，即使遇到了再大的困难，也要请大家帮忙解决。有许多事情做起来是有困难的，既然你已经答应了别人，就要学会向父母或老师、朋友求助，共同完成这件事。

4. 要按时完成答应别人的事情。如果你答应了他人要做的事情，一定要记住，也可以把它写在本子上，时刻提醒自己，并努力按照说好的时间去完成。记住，答应别人的事情一定要放在心上，拖拖拉拉也是不守信用的一种表现。

5. 做不好要及时道歉。因为特殊的原因而不能按照原来所说的去做，就一定要及时向朋友说明原因，请求朋友的谅解。

6. 管住自己的嘴巴。如果朋友信任你和你说了一些心里话，或关于其他同学的闲言碎语，不要再跟其他人讲。背后议论他人或者传闲话，你的朋友是不会原谅你的，以后也不会再信任你了。

## 记一记

言必信，行必果。

——孔 子

信任就像镜子，只要有了裂缝就不能像原来那样成为一片。

——阿密埃尔

信用既是无形的力量，也是无形的财富。

——松下幸之助

# 诚实的孩子招人爱
## ——培养诚实的习惯

## 想一想

　　故事中的小男孩因为诚实获得了国王的赏识，从而幸运地当上了王位的继承人。与其他培育了奇花异卉的孩子相比，他的花盆里空空的，什么也没有。但事实上，他的花盆里栽培着世界上最美丽的花朵，那就是诚实的花朵，也正是贤明的老国王所要寻找的漂亮花朵。

　　诚者为王，在我们的现实生活中也是这样。很多时候，我们常常埋怨种种不公平，为什么同样学习，别人可以得到种种耀人的荣誉，而自己仍然是默默无闻。可我们是否好好地审视过自己的言行呢？我们用真诚去处事待人了吗？从小到大，我们的长辈都教导我们要诚实，不要撒谎，但我们真正做到的又有多少呢？诚实是一种优秀品质，不应该因一时的贪婪或虚荣而将它抛在脑后。

　　亚里士多德认为，心灵的高尚之处在于能公开说出自己的爱与恨，能十分坦诚地评论各种事情，能为了真理不顾别人的赞成或反对。那些没完没了地说谎和弄虚作假的人，他们唯一能获得的好处，就是即使讲了实话，大家也不会信任他们。因为再美的谎话也只能欺骗别人一次两次，多了就没人再相信了。

　　所以，我们要从小培养不说谎话、诚实待人的习惯。真诚地对待身边的每一个人，播种下诚实的种子，相信我们收获的也是诚实。小男孩的故事告诉我们：诚实就会受到信任和尊重，我们坚信这不仅仅是个简单的小故事，最终有一天，我们也会因诚实而成为受人尊重的人。

## 记一记

一个人最伤心的事情莫过于良心的死灭。

——郭沫若

人在智慧上应当是明豁的，道德上应该是清白的，身体上应该是清洁的。

——契诃夫

善气迎人，亲如弟兄；恶气迎人，害于兵戈。

——管仲

如何才能成为一个诚实的人呢？

1. 从故事中明白诚实的道理。很多童话、寓言故事，常常蕴涵着诚实做人的道理。通过阅读，我们可以明白什么是诚实，什么是虚假和欺骗，应该怎样做，不该怎样做。

2. 在生活中做一个诚实的人。当我们明白了诚实做人的道理，就要在生活中诚实待人，诚实做事，树立自己诚实的形象。

3. 制订一些要求，严格要求自己。可以给自己设定一些要求，如不是自己的东西不能带回家；没有得到别人的同意，不可随便拿别人的东西；借了人家的东西要及时归还；犯了错误要勇于承认；凡是答应别人的请求就一定要想方设法做好等。

# 22 为爷爷奶奶做些事情
## ——培养尊敬老人的习惯

## 想一想

　　父母是孩子的第一个老师，孩子经常会模仿父母的行为，因此父母的行为对孩子的影响非常大。故事中的夫妻对待老父亲的态度就影响到了他们自己的儿子，好在他们及时地醒悟过来，否则当他们老了的时候，自己的儿子难免不会以同样的方式对待自己。所以，每个做父母的都应该做孩子的表率。

　　尊敬老人是中华民族的传统美德，我们有必要将这种美好的品德继承下去。同时，尊敬老人的美德也反映了一个人的道德教养。

　　在平时的生活中，尊敬老人的事儿随处可见。我们可以看到，马路上，戴着红领巾的同学扶着老人过马路；在公交车上，他们主动给老人让座位的情景……

　　在我们的家庭中，除了爸爸妈妈，爷爷奶奶是最疼爱我们的人了，他们甚至超过了爸爸妈妈对我们的疼爱，我们没有理由不尊敬老人，更没有理由伤害老人的心。尊重老人的习惯要从小培养，时时刻刻想着为老人做些事情，自己能做的事情坚持自己做。只要你留心培养自己尊敬老人的习惯，相信你会做得更好，也会得到老人更多的关怀。

## 记一记

对老年人的尊敬是自然和正常的，尊敬不仅表现于口头上，而且应体现于实际中。

——戴维·德克尔

你不同情跌倒在地的老人，在你摔跤时也没有人来扶助。

——印度谚语

试着为爷爷奶奶做一些力所能及的小事。

1. 扶爷爷奶奶上下楼梯。

2. 为爷爷奶奶盛饭。

3. 陪爷爷奶奶说说话。

4. 给爷爷奶奶唱唱歌或跳跳舞。

# 23 不做任性的孩子
## ——培养自我克制的习惯

## 想一想

现在，任性已经成为一些小朋友的不良习惯。任性，就是放任自己的性情，做事情的时候往往对自己不加约束，想怎样就怎样，爱做什么就做什么，不分是非，不讲道理，明明知道自己不对还要继续做下去。任性的人常常用一些手段来威胁其他人，如不吃饭、大哭大闹、自杀、离家出走等。任性对人的成长是非常不利的，往往四处碰壁，甚至走上犯罪的道路。

就像故事中的孩子，如果他不任性非要跑车，妈妈也就不会跌倒把腿扭伤。不过，令人欣慰的是，他最终认识到了自己的错误，懂得自我克制，才没有让妈妈更加痛苦。

当然，我们的任性，是跟父母的溺爱分不开的，尤其是现在，很多孩子都是独生子女，因此父母会尽量满足他们的一切物质要求。这种以孩子为中心无原则给予的爱，就会使他们在生活、学习中以自我为中心，不懂得尊重他人，异常任性和粗暴。这就需要小朋友们自己学会克制，培养自我克制的能力和习惯。对于不必要的东西不要开口，多站在别人的角度想一想，比如假设你是父母，你会让你的孩子随着他的性子随意行事吗？

## 记一记

使意志获得自由的唯一途径，就是让意志摆脱任性。

——黑格尔

不要过分地醉心于放任自由，一点也不加以限制的自由，它的害处与危险实在不少。

——克雷洛尔

## 做一做

　　任性并不是天生的，是可以在生活中慢慢改变的。从生活小事做起，学会自己处理自己的事情，不依赖别人。不妨按照下面的建议去试试看，你一定会有收获的。

　　1. 扩大视野，增长见识。知识多了，就会明白许多道理，改变自己过去一些错误的做法。

　　2. 多和同龄人交往，平等相处。多和同龄人交往，大家都是平等的关系，可以相互帮助、相互学习，摆脱依赖父母的习惯。

　　3. 对比法。用自己所了解的英雄和伟人的事迹与自己的行为对比，从另一个角度去认识问题，主动地改变任性的行为。

# 24 对不起，我错了

## ——培养敢于承认错误的习惯

# ▮▮▮ 想一想

前面的这则故事里女同学勇敢地站起来承认了自己的错误，并很自觉地处理了事情，因此博得了老师和同学的赞许，大家都很佩服她承认错误的勇气。

世界上没有十全十美的人，我们也经常会犯这样或那样的错误，但我们却往往不敢去承认，甚至为了掩饰错误而一错再错。看了这则故事后，想起有一次不小心打碎杯子，因为害怕被妈妈责骂，偷偷地把碎杯子扔在楼下。现在想起来，真是很惭愧。

其实，一个人犯错是难免的。如果我们为了一时的面子，或害怕受到惩罚而胆小畏缩，那么错误就成了我们心里永远的伤疤，会折磨我们一辈子。所以，为了不让错误留在心底，我们都应该拿出承认错误的勇气来，相信所有的人都会为我们感到骄傲，并为我们鼓起掌来的。

错误承认得越及时，就越容易得到改正和补救，而且，自己主动认错比别人提出批评后再认错更能得到别人的谅解。更何况一次错误并不会毁掉你今后的道路，真正会阻碍你的，是那不敢承担责任、不愿改正错误的态度。

达尔文曾经说过："任何改正都是进步。"知错能改，就是在不断进步！勇敢地面对错误，培养敢于承认错误的习惯吧。这样做会让你更加优秀哦！

## 记一记

我要站到所有正确的人那一边。正确时和他们在一起，错误时就离开他们。

——林　肯

两个错加不出一个对来。

——英国谚语

如果所犯错误被纠正了，那么曾是错误的道路就变成导致真理之途。

——法国谚语

我们应该从小养成勇敢承认错误、知错就改的好习惯。

1. 认识错误，分析后果。无论错误是大是小，都会带来伤害或损失，不要以为回避错误就会万事大吉，错误发生后要正确地认识到它的后果，越早越及时地认识到错误，越能尽可能地挽回损失。

2. 勇敢承担错误。犯了错误并认识到后果后，要真诚地向别人道歉，说声"对不起"。

3. 诚恳接受批评。对自己犯的错误要有清醒的认识，敢作敢当，有勇气承担责任。

# 珍惜生命，学会保护自己

## ——培养善于自我保护的习惯

## ▌▌ 想一想

　　如果火灾发生的时候，苗苗只知道哭泣，她能逃生吗？当然不能。好在苗苗懂得一些逃生的知识，这才安全从大火中出来。

　　有项调查发现，60%的事故是发生在家里，或者在家的周围。比如时常有报道小孩从楼上掉下来，还有小孩掉进臭水沟淹死的事。

　　这些都是我们不了解、漠视安全知识造成的，惨痛的教训不是没有，1994年克拉玛依那场大火，当场烧死了300多个优秀学生和老师。这固然和当时剧场的几个门被锁死有重要关系，但也和学生们缺乏火灾中的逃生知识有关，如果他们能了解火灾中一定要镇静、放低身体前行的话，被烧死的人也许就不会有那么多了。那场悲剧告诉我们，不要忽视掌握安全知识。

　　年少的我们，觉得自己大了，不再需要父母带着外出了，能独立到商场、活动场所了。可是安全防范意识仍然普遍没有形成，或者缺乏相关的安全常识。因此，从现在开始，你就要掌握一些安全知识，学会自我保护，珍惜自己的生命。

　　在培养安全意识上，需要做些什么呢？

　　1. 掌握基本的安全知识。例如：家用电器的使用和安全注意事项；煤气炉具的安全使用；化学物品、药品的标识及使用；如何遵守交通规则；上学放学路上要与同学结伴走，不要随便与陌生人搭话或吃陌生人给的食物；注意保护自己的身体，不能让硬物、锐器损伤身体任何部位等。

2. 掌握意外事故的应急措施。懂得应急措施非常必要，例如：煤气泄漏时要先切断气源，开窗通风，千万不能马上开灯、开电子打火开关，否则会引起爆炸；遇到意外，要打报警电话、急救电话如110、119等；懂得一些基本医学知识，如急救止血方法；万一被人强行拐带走，要懂得找机会找当地公安机关、政府部门等。

3. 培养自控力。有的人也懂得安全知识，但天性淘气、贪玩、贪吃，自控力差，因此，有时玩起来忘了安全，造成自己受伤或损伤别人，或控制不住自己，吃陌生人的东西而上当受骗。因此，平时要注意增强自控力。

## 记一记

### 交通安全歌

红灯停，绿灯行，黄灯亮了要当心；
走路要走人行道，不要打逗不乱跑；
过马路，左右看，要走人行横道线，
交通规则要记牢，人人遵守保安全。

# 26 红灯停，绿灯行
## ——培养遵守交通规则的习惯

# 想一想

当自己站在像流水一样的车流中时，那是怎样的一种恐惧。生命短暂，千万要珍惜啊。

"红灯停，绿灯行"、"过马路，左右看，要走人行横道线"。从幼儿园开始，老师就教育我们要遵守交通规则。许多同学也知道应该遵守交通规则，但是，在实际生活中，违反交通规则的事情却屡见不鲜。

从1980年以来，意外伤害已经成为我国青少年生命安全的主要危险因素，而交通意外伤害无论是发生率还是死亡率都是儿童意外伤害中的第一位原因。据世界卫生组织统计，每年有18万以上的15岁以下青少年死于道路交通事故，数十万人致残。

不遵守交通规则是导致青少年儿童发生交通事故的主要原因。查阅交通部门的交通事故档案可以发现，青少年交通事故的责任方多半是受害的青少年，例如穿越马路时不走人行横道、在公路旁玩耍或不走便道、闯红灯、骑车带人等。

遵守交通规则不仅是为了自己和他人行路顺畅，也是人们个人修养的体现。更重要的是，遵守交通规则是人们珍惜自己和他人生命的表现。在那些交通事故数字的背后，是生命的熄灭，是亲人们的痛不欲生，是家庭永远无法愈合的伤痛。翻一次隔离栏，闯一次红灯，少走一次人行道，危险就近一步。

## 记一记

**交通规则歌**

同学们，路上走，精神集中不能忘；
不看书来不看报，一心不用两处上；
交通规则不能忘，养成安全好习惯。

人的生命只有一次，让我们用实际行动珍视生命吧！

1. 走人行道。无人行道的地方须靠路边行走。

2. 横穿马路或通过交叉路口时，遵守信号灯，由人行横道通过。在没有人行横道的街道，横穿马路时应注意避让车辆。

3. 不在车道上徘徊或行走嬉闹。

4. 绝对不在汽车驶近时横穿马路。

5. 不翻越、攀登隔离栏等交通设施。

6. 尽量靠道路右边行走，不占用盲道。

7. 在站台排队等候并依次先下后上。

8. 不携带危险物品上车。

9. 车停稳后再上。

10. 车辆行驶中，身体的任何部位不得伸出车外。

11. 乘坐小汽车时，系好安全带。

## ⅠⅠ 想一想

电子游戏，是一种网上娱乐形式，一方面，可以锻炼我们的动手能力和快速反应能力；而另一方面，痴迷于电子游戏则会损害健康、荒废学业，甚至为了不存在的游戏中的人物出走，就像漫画中的男孩。

长时间玩游戏的人，会患上一种"游戏综合征"，出现情绪低落、头昏眼花、双手颤抖、疲乏无力、食欲不振等症状，还伴随如自主神经功能紊乱，激素水平失衡，紧张性头痛等一系列疾病。

有的人加入了网虫的队伍。在网上或爱、或恨、或疯狂、或聪明、或糊涂……真真假假地活着。有的人爱上了聊天室，爱上了论坛，爱上了网络世界，生活在网络的世界里！在现实生活中处处可以发现网络带给我们的变化：和同学在网上聊天；老师布置的作业尽量在网上找答案；不爱和家里人说话，而喜欢对着显示器哈哈大笑；写文章不再往报社投稿而发到论坛上去和网友交流；心事重重不再关心同学；听课时总是三心二意。即使这样，有的人也不以为然，继续在网络中做着自己的美梦。

学生的自制力一般比较差，经常玩着玩着就上了瘾，晚上不睡觉，上课打瞌睡，时间一长，沦为游戏的"奴隶"，把自己的主业——学习忘到九霄云外了。沉迷于游戏的孩子一般都学习不好。电子游戏已成为学生分心、家长担心、教师烦心、学校忧心的"洪水猛兽"。如果你自己已经沉迷于电子游戏中，必须采取恰当措施帮助自己摆脱来自电子游戏的诱惑，克服迷恋电子游戏的坏习惯。

## 记一记

**健康上网歌**

烦恼忧愁远去了，健康上网最重要。网上世界虽美妙，切莫贪婪要记牢。

游戏聊天乐逍遥，节奏快慢调解好，半个小时揉揉眼，一个小时直直腰。

烦恼忧愁远去了，健康上网最重要。聊天室里虽热闹，聊天游戏节制好，

奖品礼物不贪要，保护眼睛莫忘了，一个小时玩个够，两个小时关电脑。

要做一个健康上网的网民，应该按照下面的方法去做。

1. 不要玩色情、暴力的网络游戏。这种游戏最容易上瘾，很多人就是被这种游戏所迷惑，不能自拔。

2. 在玩游戏中培养自制力。约束自己无休无止玩游戏的倾向，平时每天玩游戏不超过一节课的时间，还要注意每隔40分钟左右要停下来到户外活动活动。

3. 多玩益智类、运动类的游戏。

4. 发展多方面兴趣。在玩游戏中及时发现自己其他方面的潜质，积极参加教育部门或少先队组织的兴趣小组或科普、体育、文化活动。

5. 多与身边的人交往。我们的成长离不开同龄群体的密切交往，离不开深刻的体验。生活在伙伴的友谊之中，是避免网络诱惑最重要的保障。

# 自己的事情自己做
## ——培养独立自主的习惯

## 想一想

小燕子终于学会了飞翔，有了自立的能力，能够自己去寻觅食物，不用燕妈妈整天喂它们了。

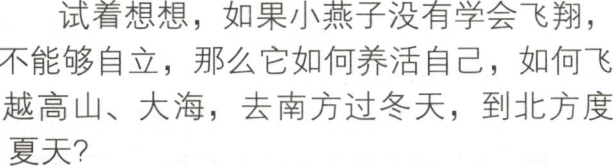

试着想想，如果小燕子没有学会飞翔，不能够自立，那么它如何养活自己，如何飞越高山、大海，去南方过冬天，到北方度夏天？

小燕子况且如此，何况我们人类？从现在开始，不能再事事依赖父母，不管是在学习上还是生活上，遇到难题的时候，不能再让父母替代我们或者全部帮助自己完成。自己的事情要自己做，要学会自立。

自己的衣服要自己洗，父母工作忙的时候，要学会自己做饭。生活中的点点滴滴，都可以把它当成锻炼自立能力的机会。只有这样，你才可以更好地掌握自立的本领，将来外出求学，走上社会，就不会依赖他人，而能自己照顾自己。

从现在开始，动手做我们力所能及的事情吧。

1. 整理学习用品。收拾学习用品、整理书包，准备好第二天该带的东西。不要总是丢三落四，依赖别人提醒你。

2. 自己解决学习中的问题。学习上遇到了困难是你自己的事情，要开动脑筋，实在想不出来才能请求别人的帮助，不要动不动

就问。

    3. 安排好自己的学习时间。每天在完成学习任务后，再看电视、玩电脑或者做其他游戏，不要把今天的事情拖到明天，不要让爸爸、妈妈和老师催促才去读书写作业。

    4. 搞好个人卫生。自己收拾、打扫自己的房间；摆放好自己的衣服、日常用品，并保持干净整洁，不要随手乱放，等待爸爸妈妈整理和清洗。

    5. 饭后收拾碗筷。吃完饭收拾和清洗碗筷也是你自己的事情，不仅要清洗你一个人的碗筷，爸爸妈妈的也要清洗哦。

## 记一记

我们一定要自己帮助自己。

——霍普特曼

没有独立精神的人，一定依赖别人；依赖别人的人一定怕人；怕人的人一定阿谀谄媚人。

——富泽渝吉

 谁知盘中餐，粒粒皆辛苦
——培养勤俭节约的习惯

教育家要来了。

粮食啊……

食堂

不知道珍惜粮食的人，谈何教育？

锄禾日当午，汗滴禾下土。谁知盘中餐，粒粒皆辛苦。请大家尊重劳动人民的劳动成果。

哇

## 想一想

有一个调查发现，在一些小学里，像故事中那样浪费粮食的现象非常严重，每天都能看到从学校里推出一车又一车的剩饭剩菜，有些饭只吃了几口就被倒掉了。不仅是浪费粮食，还有一些消费现象也令人担忧。有些学生一味追求时新的文具，流行流氓兔，就一定要有流氓兔图案的书包，流行"蓝猫"，就非要有"蓝猫"图像的书包、文具盒，总之是流行什么就要买什么样的文具用品。因为社会上流行的东西更换很快，所以往往新的文具还没用几天，就被无情地抛弃了，这样造成了很大的浪费。

难道说，我们现在的生活好了，就可以丢掉勤俭节约的美德吗？

当然不是！我们要养成勤俭节约的习惯。在我们国家，还有很多贫困地区的孩子不能够上学，许多失业家庭的生活尚待改善，许多受灾地区的人们吃不饱穿不暖，所以我们要继承勤俭节约的传统美德，培养勤俭节约的习惯。

钱要花得有意义，真正做到物有所值。现在怎样花钱，也影响到将来管理金钱的习惯。如果能够养成勤俭节约的美德，就意味着我们有可以控制自己欲望的能力，也意味着我们已经有独立自主的意识。我们作为社会成员的一部分，应该牢记历史的使命，发扬中华民族艰苦朴素的优良传统。

从今天开始，培养勤俭节约的习惯，拥有这种美好的品质，做一名优秀的小学生吧。

培养节俭的生活习惯可以从以下几点着手。

1. 吃得要实在。俗话说：要吃还是家常饭，要穿还是粗布衣。家常饭虽然是粗茶淡饭，但父母为了我们的健康成长，都是很注意调配各种营养成分。我们不要根据自己的口味挑食、偏食，注意一日三餐要坚持吃好、吃饱。也不要饭前饭后吃方便面、面包、蛋糕等零食。餐桌上保持卫生，不要让饭菜洒在桌面上，不要在自己碗里剩菜剩饭。

2. 穿着要朴素。穿着朴素并不是坚持过去的"新三年，旧三年，缝缝补补又三年"的艰苦生活。而是大众化，不追求时髦，即使家庭相当富有，也要穿着朴素一些，只要不饿着、不冻着就可以。我们都是学生，没有贵族和平民之分。心态和行动都能平衡在同一起跑线上，这对我们的成长十分有利。

3. 珍惜学习用品。不要因为写错一两个字就撕掉一张纸，不要老是弄断铅笔芯，不要买只用作摆设的学习用品。

4. 给自己准备一个储蓄罐。"以俭养德"的许多事例告诉我们：要培养成有志向、有追求的人，勤俭节约、艰苦朴素的生活作风是不可缺少的。我们可以给自己准备一个储蓄罐，把自己的零花钱放在里面，积少成多，也许在我们急需的时候会发挥更大的作用。

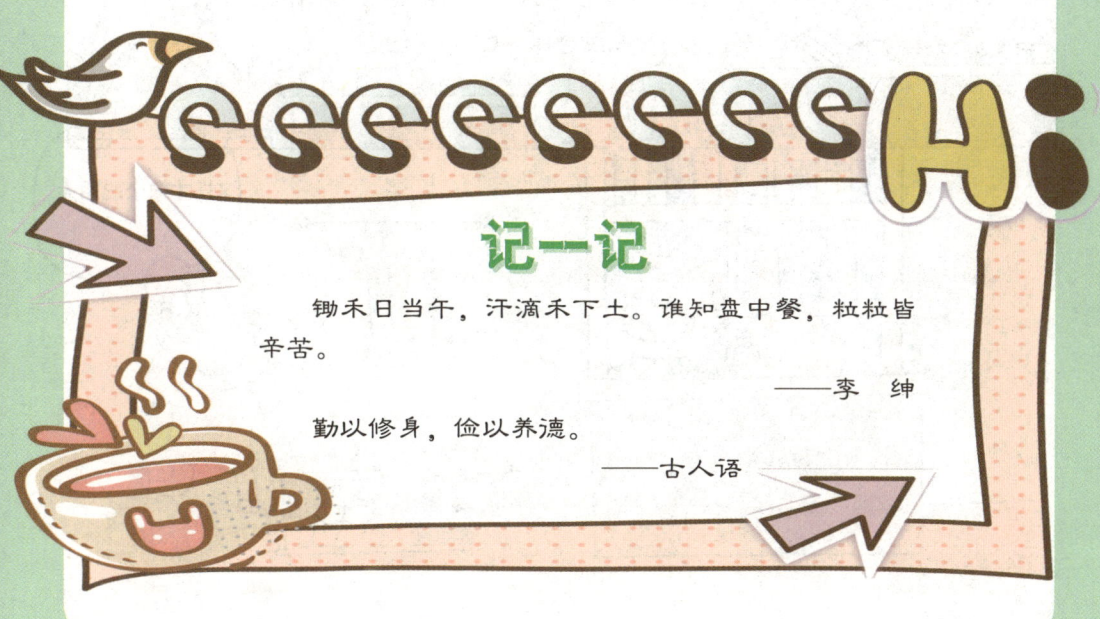

## 记一记

锄禾日当午，汗滴禾下土。谁知盘中餐，粒粒皆辛苦。

——李 绅

勤以修身，俭以养德。

——古人语

# 30 用过的东西放回原处

## ——培养物归原处的习惯

解放啦!

第二天……

妈妈，我的球衣呢?

不知道。

放学后，天天回到家了。

妈妈，我的参考书在哪里?

不知道。

怎么办?

聪明的人用完东西，知道归还原处，而你似乎不像个聪明人。

这样才像个聪明人。

## ▍▍▍ 想一想

　　我们有的人总是爱乱扔东西，把东西弄得满屋都是，大人总要跟在后面收拾。也有的人会将自己的东西放得整整齐齐，不用家长操心。无论哪种行为都不是天生的，而是从小培养的。

　　相信很多人都有漫画中小男孩的经历，有时候在家里把用过的东西到处乱放，下次急着用的时候就会找不着。尤其是在早晨上学的时候，找不到红领巾、小黄帽、袜子等。这样，不仅给自己添了麻烦，也给家人添了麻烦。也有的同学在图书馆看书时，看前耐心寻找，看后却随手一放，不管他人寻找是否方便。

　　可见，随便摆放东西既不利于自己，也不利于别人，那么，怎样才能把东西摆放得有条有理呢？下面的做一做环节，我们会给你一些建议。

　　如果你有乱放东西的坏习惯，可以试试以下的纠正方法。

　　给自己准备几个大纸盒。针对你把东西扔在地上的行为，可以用几个大纸盒，把东西都扔到纸盒里。

　　经常和父母一块儿整理房间，整理好了，一起欣赏。这样你可以感受整洁的房间所具有的美感。

　　培养物归原处的习惯，要做到以下几点。

　　1. 做好自己的事情。如果一个人连自己的事情都要父母帮他做，就更谈不上把用过的东西放回原处了。因为自己不做事的人，大多缺乏责任心，更难以考虑他人的感受和辛苦。因此，如果你想养成这个好习惯，就先学着做好自己分内的事情。

2. 珍惜别人的劳动。不做破坏他人劳动成果的事。在家里，爱护父母打扫过的房间，珍惜妈妈做好的每一顿饭菜；在学校，珍惜老师辛苦备课的成果，认真听课；珍惜清洁工人的劳动，爱护公共环境；在小区里，也要爱护小区环境；珍惜园林工人的工作，爱护花草树木。

3. 在家里、学校里用过的东西要放回原处。有时候难免懒得动，但是为了养成物归原处的好习惯，不妨从第一次开始。在取某一个物品之前，先看看它原来放的地方，用过之后尽快放回去。如果当时没有时间，过后也要自己整理用过的物品。在学校图书室里看书，看后也要放回原处。

4. 在超市购物，要把不打算买的商品、购物车、筐等放到指定处。开始做这些事情时，可能会不情愿，但坚持做一段时间以后就形成了习惯，以后看见杂乱的场面都会感到不舒服。

## 记一记

我觉得人生求乐的方法，最好莫过于尊重劳动。乐境，都可由劳动得来，一切苦境，都可由劳动解脱。

——李大钊

 # 用双手美化我们的生活
## ——培养热爱劳动的习惯

## 想一想

　　爱劳动是一种优秀品德，也是我们生存的重要条件。英国著名教育家洛克雷说过："一切教育都归结为养成学生的良好习惯，往往自己的幸福都归结于自己的习惯。"这句话告诉我们，热爱劳动的习惯是从小可以培养的。可以说，养成爱劳动的习惯，是我们未来"幸福"的可靠保障。

　　要享受真正的人生，享受真正的生活，就必须从事这样或那样的劳动。只有在劳动中，人们才能找到无尽的快乐，才能创造美好的生活。而懒惰、好逸恶劳是万恶之源。劳动是成功的本源，因为美好的东西如果轻易得到，我们就会毫不在意，只有亲自付出相应的劳动和汗水，才能懂得珍惜、爱护这些美好的东西。很多优秀的人物，无一不是在苦难中，在贫困的推动下，勤奋学习，得到优异的成绩的。

　　做家务是培养我们的动手能力和劳动习惯的好方式。一些细微的手指运动，如择菜、剥玉米、剥蒜等，既让我们学会了家务劳动，又有助于我们智力的精细发展。尽早地做一些力所能及的家务活，如自己叠被、穿衣服、洗手、洗脸、倒水、刷碗等，可以使我们养成自己的事情自己做的好习惯，培养自理能力。做力所能及的事，如收拾房间，洗袜子、拿牛奶、买东西，甚至自己做早点等，可以增强我们的独立意识，有助于我们的身心健康。

## 记一记

完善的新人应该是在劳动之中和为了劳动而培养起来的。

——欧 文

劳动是产生一切力量、一切道德和一切幸福的威力无比的源泉。

——拉·乔万尼奥里

有总是从无开始的；是靠两只手和一个聪明的脑袋变出来的。

——松苏内吉

## 做一做

对劳动习惯的培养，你可考虑从以下几个方面着手。

1. 要有正确的态度。正确认识参加家务劳动不是为了减轻父母的劳动，而是为了养成热爱劳动的习惯，培养责任感、义务感、独立性、自信心等良好品质。当然，如果自己有不会的地方，要争取爸爸妈妈给自己以具体指导，帮助自己按时把事情做好，但千万不可让爸爸妈妈包办代替。

2. 提高参加家务劳动的兴趣。可通过游戏来提高自己劳动的兴趣。如你可以跟爸爸妈妈比赛看谁擦桌子干净；谁洗手帕溅在地上的水少，等等。

3. 对家务劳动要有具体分工。可以要求爸爸妈妈对全家的家务劳动进行具体分工，明确各自的任务，还应提倡协作。争取做到自己的事自己做，家长的事帮着做。

# 32 时间是一点一点挤出来的
## ——培养珍惜时间的习惯

把灯泡的容量告诉我。

好的。

量好没有?

正在进行。

半个小时后……

时间,时间,怎么要花那么多时间?

把水倒进量杯,马上告诉我它的容量。

0.25升。

多么容易的测量方法。又精确又简单,你怎么想不到呢?还浪费时间去算。

## 想一想

爱迪生曾经说过"最大的浪费莫过于浪费时间"，因此他一生都在跟时间赛跑，最后为人类的发展作出了非凡的贡献。

有些人常常抱怨时间不够，其实时间就像海绵里的水，只要愿意挤，总能挤出一点点，何况现代人的时间大部分都是被挥霍掉的。时间的富翁不是靠年岁的简单积累，而是靠高度的使用效率。

"吾生也有涯，而知也无涯"，如何有效地利用和管理时间，关系到学习的最终效率。合理利用时间的习惯，是良好学习习惯的重要组成部分。它能帮助我们把有限的时间合理地投入到无限的学习中去。

什么是合理地利用时间？就是用最少的时间做最多的事。举个例子，看电视新闻和洗碗筷，这两件事情完全可以同时进行，手里的活并不会对收看新闻造成太大的影响，因为大多数时候新闻只需要我们用耳朵去听就行了。这样一来，你就能够在7点半左右开始做家庭作业了。

由此可见，时间管理对提高办事的效率，尤其是提高学习效率非常重要。面对相同的时间，善于合理利用时间的人，会取得更多、更大的收获。所以我们要合理地利用时间，养成珍惜时间的良好习惯。

## 记一记

今日复今日，今日何其少，今日又不为，此事何时了？人生百年几今日，今日不为真可惜，若言姑待明朝至，明朝又有明朝事。

——今日诗

百川东到海，何时复西归？少壮不努力，老大徒伤悲。

——长歌行

我们可以通过制订每天的作息时间表，利用好我们的时间，逐步培养珍惜时间的好习惯。做法如下。

1. 制订一个24小时的作息时间表。也许你从来没有计划过如何度过一天的时间，你可以以三天的时间来修改你的作息时间表，不过，你现在就要拟定一个草稿，每天都可以修改，但在三天后要最终确定你的作息时间表。

2. 按作息时间表生活。你要立即执行你的计划，严格按照作息时间表做事情。不要因为你的不良习惯破坏了你的计划，要有一个美好的开始，这一步很重要。

3. 每天晚上，对照检查。虽然忙碌了一天，但在你临睡觉前，检查一下你是否按照计划完成了所有的事情，如果没有很好地完成计划，你要查找原因，这样你会做得更好。

4. 没完成的事情，及时制订补救措施。

 面对困难，勇敢地试一试
——培养敢于尝试的习惯

把这袋面粉送给河对岸的鸡大婶。

没问题。

别下河，河水很深，昨天我一个朋友被淹死了。

啊？

牛伯伯，河水深吗？

不深，才淹到我的腿上。

妈妈，松鼠说河水深，牛伯伯说河水浅，我怎么办呢？

自己尝试一下就知道了。

原来河水并不深。

##  想一想

经过这一次过河后，我们相信小马会成熟起来，不会再做什么事情都依赖妈妈，遇到新事物或什么困难的时候，也会勇敢地去试一试。只有那些勇于面对困难的人，才有战胜困难、夺取成功的希望。而那些躲在避风港中、保护伞下的人注定要在困难面前倒下，不能取得成功。

还有很多人在面临问题的时候，首先想到的不是想办法试一试，而是逃避问题，掉头逃跑，这样的人是永远不会有什么收获的。

一个害怕任何意外而什么也不敢尝试去做的人，到头来，什么也没有，什么也不是。他们逃避了痛苦，但他们也享受不到学习和

生活带来的无限乐趣。在学习和生活中，很多人虽然也知道好多事情不能躲避，必须坚强面对，但还会在心底存留着那种逃避和寻求帮助的想法。

其实，困难也是欺软怕硬的，你强它就弱，你弱它就强。在我们成长的道路上，困难和挑战无处不在，无时不有。我们只有坚定战胜困难的信念，养成敢于尝试的习惯，才能不断战胜一个个困难，取得成功。

## 做一做

培养挑战困难，敢于尝试的习惯，可以从以下几点做起。

1. 树立不屈不挠、勇敢顽强的意识。在生活中不能遇到一些小困难就请求他人帮助，而应该鼓励自己想办法解决。分析困难到底难在哪里，找出化解困难的办法。要知道，在困难挫折面前

唉声叹气并不会降低难度、减少失败，灰心丧气只会增加自己的痛苦。要鼓励自己树立信心，不灰心丧气，勇敢面对困难。

2. 确立合适的奋斗目标。生活中有梦想、幻想和理想。梦想如果不切合实际，不建立在客观条件和自己潜力的基础上，就会变成幻想和空想，是不可能实现的，必然会遇到挫折的无情打击。要在分析各种情况的基础上树立自己的理想。"知己知彼，百战不殆"，知己就是正确认识自己，了解自己的兴趣、能力、特长、性格，知彼就是认识环境，了解社会。

3. 在尝试中体验进步与成功的快乐。认真地去实现人生中一个个"第一次"，在"我能行"的体验中挺起胸，昂着头长大。成功的体验比失败的体验更重要。从小在心灵里播下自信的种子，它会成为我们一生事业成功的基石。

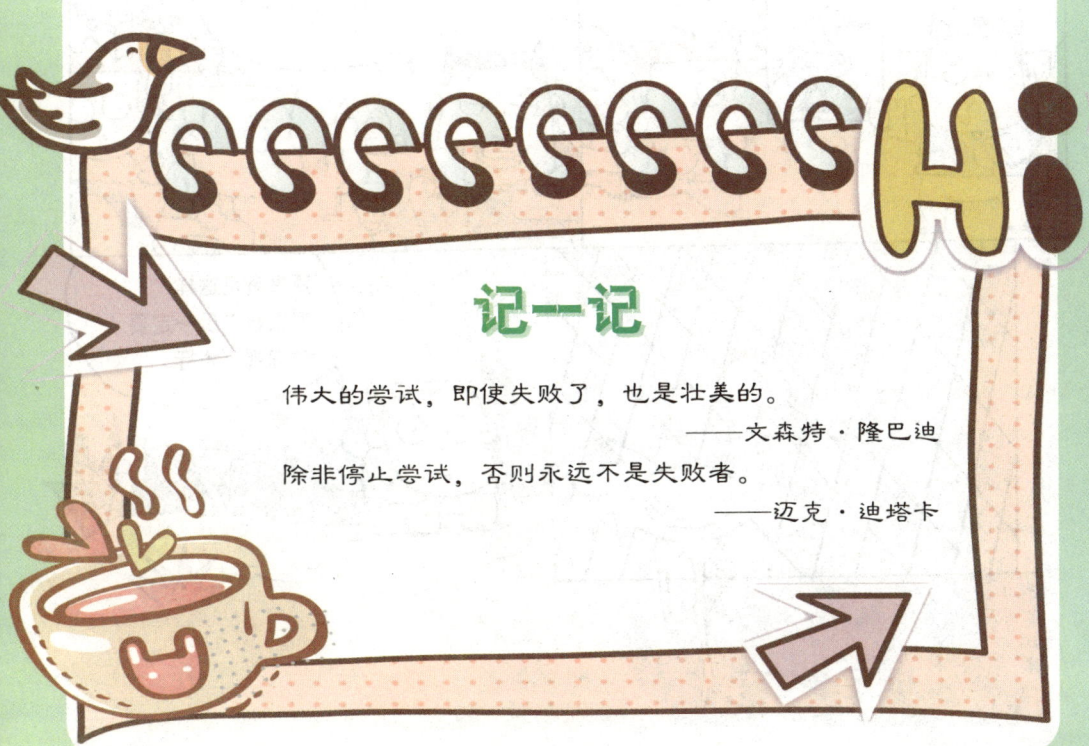

## 记一记

伟大的尝试，即使失败了，也是壮美的。

——文森特·隆巴迪

除非停止尝试，否则永远不是失败者。

——迈克·迪塔卡

# 34 用眼睛发现世界的美好
## ——培养善于观察的习惯

## 想一想

看吧，由于缺乏观察，原本好好的一幅画就变得不好了。

善于观察是一个非常好的习惯。只有观察，我们才能认识事物；只有观察，我们才能开动思考的机器。没有敏锐的观察力，你会失去很多机会。然而，很多人都没有这种好习惯，他们只是感觉到了，但并没有把这些信息传递给大脑，将信息加工和处理。结果，在观察事物时，就不能真正理解人情事物。只有用积极的心态去观察，用开放的眼光看世界，才能发现事物的独特之处，得到我们需要的东西，取得成功。

观察力是通向成功的桥梁，是任何一个人不可或缺的能力，大到对周围环境的观察，小到对一只蚂蚁的观察，都可以体现出你的观察力如何。

在我们的学习和生活中，也同样要学会观察。良好的观察能力，是提高整个学习能力的重要途径，更是我们认识世界，增长知识的重要途径。很多事例表明：观察力的强弱对学习的好坏有直接影响。如在语文拼音、识字学习中，有些拼音、生字的字形、写法只有细微差别，只有认真观察才可能看出来，而观察力较差的人就常把它们认错甚至写错。

## 记一记

那么让我们热爱纯粹的白昼，热爱这十二点钟的生活吧。只要一息尚存，就不要松开那两根指向上端的时针。

——乔·米勒

到生活和习俗里去找真正的范本，并且从那里吸收忠于生活的语言。

——贺拉斯

正是在个人生活中我们发现伟大的性格。

——切斯特顿

怎样培养善于观察的好习惯呢?

1. 明确地提出观察的目的、任务，学会观察的方法。比如观察一个字，观察力强的人能很快地把寓于生字中的熟悉部分看出来，或把形近、音近字之间的细微差别区别清楚。观察景物，要有远近、里外、上下、左右、前后的顺序。观察的目的决定观察的方法。这好比木匠看木头，先看木头的长短和粗细；用木头烧火的人，先看木头的干湿；森林学家看木头，先看木头的年轮和想象它的生长过程。

2. 观察时，与想象紧密结合。恰如其分的想象，会使观察插上翅膀，意境更加广阔。

3. 争取更多观察自然和观察社会的机会。比如观察星空、观察大树、观察小猫、小兔，观察市场上的繁荣景象，观察大街上一幕幕的场面。

 **告诉自己，我是最棒的**
——培养自信的习惯

##  想一想

"昂起头来"就是一种自信，小梅昂起了头，充满了自信，因而一下就变得漂亮起来。其实，很多时候，我们不是因为长相不漂亮，而是因为我们不自信，所以才觉得自己不漂亮。人们常说，自信的人最美丽，就是这个道理。

著名的黑人宗教领袖马丁·路德金说过："世界上所做的每一件事都是抱着希望而做成的。"一个人如果没有自信，首先就被自己的自卑打倒了，更别说取得胜利了。所以，成功的人生首先需要树立自信心。我们应该告诉自己——我是最棒的，胜利一定属于我！

没有自信，便没有成功。一个获得了巨大成功的人，首先是因为他自信。自信使不可能成为可能，使可能成为现实。不自信使可能成为不可能，使不可能成为毫无希望。一分自信，一分成功；十分自信，十分成功。自信可以使你从平凡走向辉煌。当你满怀信心地对自己说：我一定能够成功。这时，人生收获的季节离你已经不遥远了。

但是我们要记住，自信不是自负。自信的人不会骄傲，心胸也很开阔，因此可以引领自己到达成功的彼岸。而自负却相反，自负的人通常都很骄傲，骄傲的人通常不会取得成功，甚至可能会毁掉自己整个人生。战国时期那个只会纸上谈兵的赵括就是个生动深刻的例子。

因此，昂起你的头来，让自信引领自己大胆地往前走吧！

## 做一做

每天告诉你自己——我是最棒的！现在，就开始使用下面的方法培养你的自信心吧。

1. 快乐放松。快乐可以让你感不到劳累，放松可以产生迎接挑战的勇气。人轻松开心的时候，体内就会发生奇妙的变化，从而获得新的动力和力量。所以在奋斗的过程中就应该充满快乐，发掘、调动积极情绪，让自己轻松地面对一切。

2. 立足现在，挑战自己。不沉浸在过去，也不要沉溺于梦想，而要脚踏实地，着眼于今天。不断寻求挑战，激励自己。提防自己不要骄傲自满，只把过去的成绩作为迎接下次挑战的出发点。

3. 自我期许，自我激励。你相信什么，你就能够用积极的心态去获得什么；你把自己想象成什么人，你就真的会成为什么人。自我激励要用正面积极的语言，比如，说"我一定成功"，"学习对我来说很容易"，都能让你信心大增。

4. 积累成功。成功是一种有力的激励，它可以增加你的信心，给你奋斗的力量，使你的意志更加坚强，帮助你确定未来的发展道路。所以，莫以"功"小而不为，成功地做好每一件小事，会激励你去追求更大的成功。

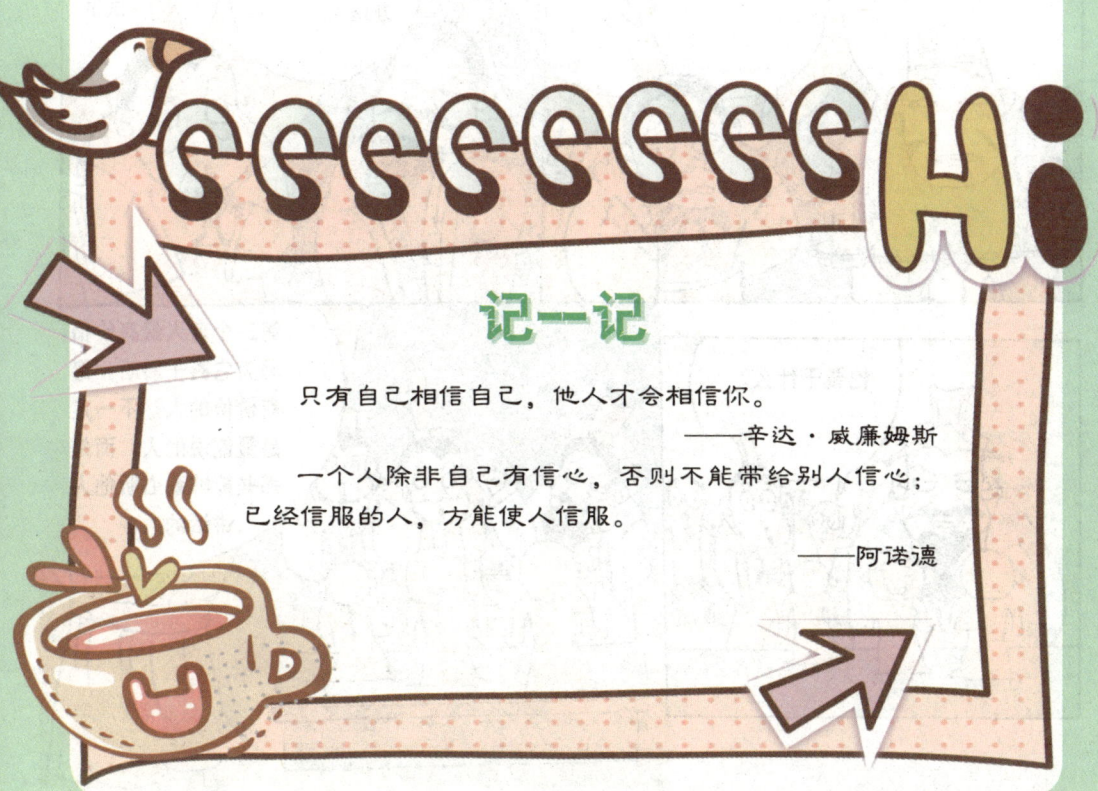

## 记一记

只有自己相信自己，他人才会相信你。

——辛达·威廉姆斯

一个人除非自己有信心，否则不能带给别人信心；已经信服的人，方能使人信服。

——阿诺德

聆听，是一种智慧。我们每个人的知识都是有限的，因此懂得聆听，就有了第三只眼睛看世界，也能从别人身上学到我们没有的东西。

善于聆听，不仅表现出自己谦逊、宽容的人格，更是对他人的一种尊重。

认真倾听他人说话，首先必须待人真诚。一个谦虚有礼能够静静地坐下来聆听别人意见的人，一定是一个心胸宽阔、真诚待人的人。这样的人自然也会受到别人的尊重。在倾听别人说话时，眼睛

要看着对方，上身可以微微地向对方倾斜，以全身投入的姿势表达你在入神地听对方说话。即使别人的话让你不是很感兴趣，也要耐心地听人把话说完。或者，你可以巧妙地引导对方转移话题，而千万不要粗暴地打断对方，或表现出厌烦的情绪。如果对方说得不对，不要急着去纠正对方的谈话。在别人说话时急切地指出对方话中的过错，是最让人难堪和反感的。

耐心倾听他人说话，是一种尊重他人的行为，也是一个人有良好修养和谦逊美德的体现。老天给我们两只耳朵、一个嘴巴，本来就是让我们多听少说的。善于倾听，才是一个成熟的人最基本的素质。因此，我们要从小养成耐心倾听他人讲话的好习惯。

## 记一记

礼仪的目的与作用是使本来的顽梗变柔顺，使人们的气质变温和，使他尊重别人，和别人合得来。

——约翰·洛克

对别人的意见要表示尊重。千万别说："你错了。"

——卡耐基

我们之所以爱一个人，是由于我们认为那个人具有我们所尊重的品质。

——卢 梭

培养耐心听他人说话的习惯有以下几要点。

1. 注意倾听他人说话，能获得他人的好感，使别人信赖你、喜欢你。

2. 倾听他人说话，是尊重他人，同时也能得到他人的尊重。

3. 仔细倾听他人的讨论。不要因为心里想着其他事情就忽略他人的讨论，因为很可能焦点早已转移到其他新议题了。因此，眼到、心到、耳到，积极参与他人讨论。

4. 倾听他人陈述或表达意见时，要避免不当的肢体语言。如突然双手交叉摆在胸前并往后退，表示你正抗拒或不同意他人的观点。这种做法极不礼貌，一定要杜绝。

# 37 一个巴掌拍不响，众人鼓掌声震天
## ——培养与人合作的习惯

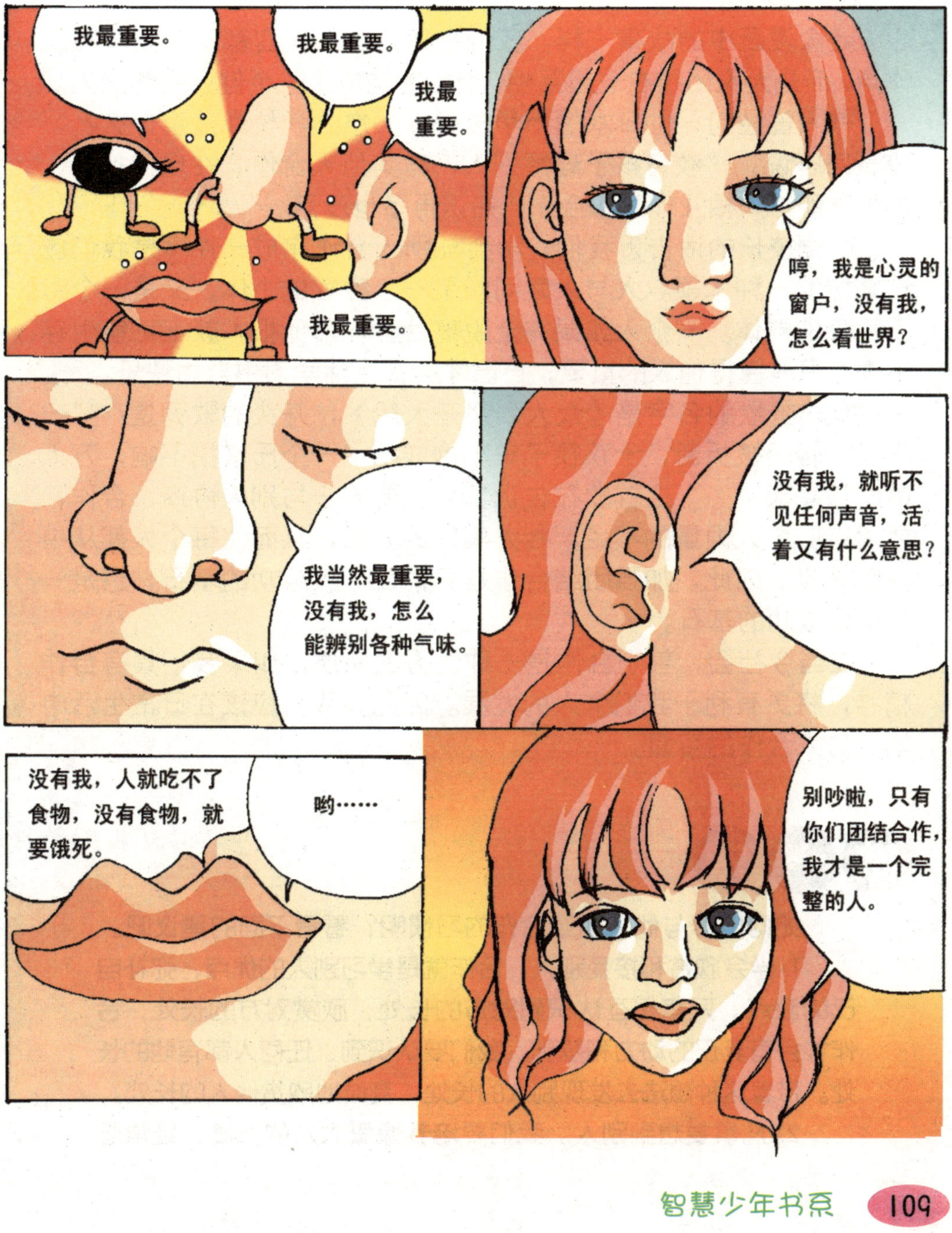

我最重要。

我最重要。

我最重要。

我最重要。

哼，我是心灵的窗户，没有我，怎么看世界？

我当然最重要，没有我，怎么能辨别各种气味。

没有我，就听不见任何声音，活着又有什么意思？

没有我，人就吃不了食物，没有食物，就要饿死。

哟……

别吵啦，只有你们团结合作，我才是一个完整的人。

## 想一想

就像漫画中的故事一样，我们身体的每个器官都不可能单独起作用，而是大家团结在一起互相合作，才构成了一个健康完整的人。

有人曾经问一位日本的小学校长："您办学校最注重什么？"校长回答说："教育孩子理解别人，与其他人合作。在现代社会，如果不能与人相互理解和合作，知识再多也没用。"

这位校长的话告诉我们，学会与别人合作完成一件事是我们应该掌握的一种本领。人与人之间既是一个独立的个体，又是一个密不可分的群体。一个人如果完全脱离社会，那他根本就不可能生存下去。只有懂得他人的重要，自己才会在生活学习中自由快乐。

有一首歌的名字是《众人划桨开大船》，开头的歌词是："一根筷子轻轻被折断，十双筷子牢牢抱成团；一个巴掌拍不响，万人鼓掌声震天……"这首歌在告诉我们，要善于与别人协商、合作，才能克服个人力量的不足，壮大集体的力量，从而使每个人都从中获得进步。因此，加强团结合作是我们每个人成功的基石，也是一个集体成功的基石。

在当今社会，善于合作是一种优秀的品质，如果我们具有合作精神，将更有利于我们个人的发展。因此，我们应该在日常生活中培养与人合作的习惯。

如何培养与他人团结合作的习惯呢？看看下面的建议吧。

1. 学会欣赏和接受别人。合作就是学习别人的优点，弥补自己的缺点。只有相互认识到对方的长处，欣赏对方的长处，合作才会有真正的动力和基础。我们要认识到，任何人都有他的长处。带着这种想法去发现别人的长处，真诚地欣赏他人的长处。

2. 凡事要想到别人。我们要培养慷慨大方的气度，经常想到别人。如果自私自利，凡事都只想到自己，就会遇事斤斤计较，也就难于与别人友好相处，又怎么谈得上与别人合作呢？我们要学会互惠与信任，与朋友分享不是一种剥夺，而是平添更多更新更好的乐趣和机会。

3. 多参加合作活动。积木、拼板等游戏，足球、篮球、跳皮筋、跳绳等活动，既有两个团队之间的对抗与竞争，更有团队内部的协调与合作，这些都非常有利于培养我们的团队精神与竞争能力。

4. 学会合作的规则与技巧。我们在与别人合作中既要尊重对方，服从大局，讲统一，又要有自己的立场。容忍和随和是有尺度的，也就是说在合作过程中，不能只想着自己，要充分顾及他人的要求与需要。

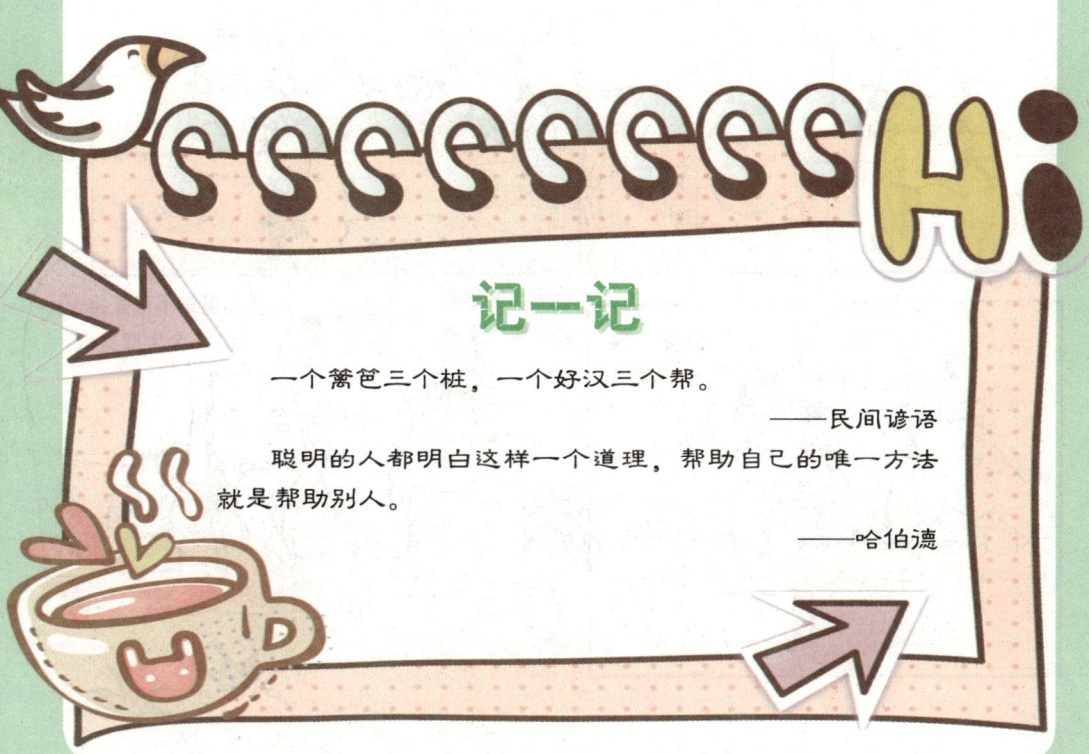

## 记一记

一个篱笆三个桩，一个好汉三个帮。

——民间谚语

聪明的人都明白这样一个道理，帮助自己的唯一方法就是帮助别人。

——哈伯德

 # 做事情有始有终
—— 培养做事坚持到底的习惯

孟子很小就失去了父亲。
呜呜，爹……
呜呜！

母亲辛勤地织布养家，供孟子读书。
唧唧

你怎么这么快就回来了？不用上课了？

偷偷溜出来的，想玩一玩。

学习半途而废就像这匹布，以前的努力都白费了！

呜呜，我再也不敢了。

我要读书，你自己去玩吧！

出来一起捉迷藏。

老师，生命和义气哪个重要？

鱼和熊掌不可兼得……舍生取义也。

## ▮ 想一想

　　孟子的经历告诉我们：做事情要抱着一颗坚定的心，坚持到底，这才有成功的希望，半途而废是成功的大忌。

　　你是不是经常听到父母或老师的抱怨："这孩子并不比别的孩子笨，就是没耐性，做事有头无尾，干什么都是3分钟热度。"那么，为什么会得到这样的评价呢？做事情有始无终，往往由于以下几种原因造成：第一种是遇到更有意思的事，兴趣便转移了，而把本来在做的事情丢下不管；第二种是碰到棘手的问题，不愿面对挫折，没有耐心坚持下去；第三种是由于缺乏动力，认识不到所做事情的意义和价值，抱着无所谓的态度，自然会有头无尾或虎头蛇尾了。

　　有坚强不屈的心，才不会轻易动摇，才会坚持把事情做到底。而没有毅力的人，做自己不喜欢的事，或是遇到一点点困难，就会很轻易地选择放弃。

　　那么，现在就开始培养自己的毅力吧！养成坚持到底的习惯。不管别人怎么说怎么诱惑，一定要坚持做完功课再出去玩。也许刚开始的时候很难做到，但是克服几次诱惑之后，你就会发现，自己开始变得越来越有毅力了。

　　那么，到底怎样培养做事坚持到底的习惯呢？

　　1. 不忽略小事，从点滴做起。每天我们都有很多事情需要做，优先完成最基本的事情，尽管它们不是什么大事。例如，认真做完每一次作业，无论课堂上的或者是课下的，包括实践活动的作业；认真做完为班集体或为同学做的每一件事情。

　　2. 制订具体的目标。做完一件事情通常指达到了我们的预期目标。如果目标不清楚，或者与我们的知识能力水平相差很

远，那么，这类目标就难以完成，也就不可能做到有头有尾。只有经过努力可以实现的目标，才可能做到有头有尾。

3. 无论结果如何，坚持到底。有些事情开始常常比较顺利，做得很好，但后来遇到困难了，可能很难达到你预期的效果。在这种情况下，你千万不可轻易放弃，半途而废。一方面，因为你的坚持过程，也许能够使事情朝好的方向发展；另一方面，即使结果仍不理想，努力把这件事情做完就是你的成功，而且，你的意志力也能得到磨炼。

4. 学会自我监督和自我激励。做事情持之以恒，真正的约束来自自身，在确定目标和计划之后，执行任务的过程中，我们要不断自我检查、监督。这样，对于做得不够好的地方，及时请父母、老师给予帮助，进行积极调整和弥补；对自己做得好的地方给予肯定，也可以给自己一些小小的奖赏。

## 记一记

人生所缺的不是才干，而是志向，换言之，不是成功的能力，而是勤劳的意志。

——部卫尔

"不耻最后"。即使慢，驰而不息，纵会落后，纵令失败，但一定可以达到他所向往的目标。

——鲁迅

伟大的工作，并不是用力量，而是用耐性去完成的。

——约翰

## 想一想

　　虽然小刚和小磊是好朋友，但是小磊也不应该擅自把小刚的文具盒拿走。别人的东西不乱动，看起来是一件小事，却和一个人的道德品质有密切关系。

　　在我们小的时候，父母会经常告诉我们"不要动人家的东西"，可是在我们长大一些进入学校以后，爸爸妈妈不在身边，我们有了许多自己的好朋友，一起学习，一起做游戏，心里就会认为，好朋友之间就不分你我了。但实际上，我们每个人都有自己的个人空间和权利，可以自主地处理自己的东西和事情，不希望别人的干扰和破坏。所以，即使是好朋友，也要尊重他人的个人空间和权利。

　　也许有的人从乱拿别人东西等一些坏的习惯中得到了一些好处，占了一些便宜。但是我们要清醒地认识到，为了眼前的一点利益或者为了满足自己的愿望，去做一些偷偷摸摸的事，会给我们的未来蒙上阴影。

　　从现在开始，改掉自己乱拿别人东西的坏毛病吧，为自己在同学、朋友中间树立起良好的形象。

## 记一记

生活里最重要的是有礼貌，它比最高智能、比一切学识都重要。

——赫尔岑

礼貌是最容易做到的事，也是最珍贵的东西。

——冈察尔

勿以恶小而为之，勿以善小而不为。

——刘 备

我们在与他人交往的过程中要注意以下几个方面。

1. 不传朋友的"小秘密"。和好朋友相处，也许朋友会告诉你他的心里话，或者小秘密。这是朋友信任你，但要知道朋友的秘密是他们自己的。我们不能把朋友的秘密随意告诉其他人，这样会损害朋友的利益。

2. 去别人家里，不乱动别人的东西。到朋友家、亲戚家、邻居家做客是很平常的事情，这也是展示我们个人形象的时候。也许别人家里有很多好玩的、令你感兴趣的东西，这也是考验你的时候。一定要控制住自己，不要这边翻翻，那边动动，给别人留下不好的印象。

3. 不乱拿同学的东西。在学校，很多同学在一起，时间长了，会交到一些非常要好的朋友，彼此亲密无间。即使是这样，也要尊重自己的好朋友，不要随便乱动好朋友的东西，也许你的这种不良行为，会成为破坏你们关系的隐患。

## ▍▍ 想一想

　　狐狸的失败一部分是被几只乌龟给骗了，主要的还是自己太骄傲，骄傲让他失去了判断能力，要知道，以狐狸的狡猾怎么可能识不破几只小乌龟的计谋呢。所谓的"骄兵必败"说的就是像狐狸这种人。

　　一个谦虚的人能学到更多东西。可是现在的一些学生，很多是独生子女，往往不能正确对待名誉和成绩，有的人拔尖逞能，有的人自大自满，有的人沾沾自喜，有的人把集体的成绩看成是个人的，有的人瞧不起其他同学。这些骄傲自大的不良习惯，最终会影响他们个人的发展，甚至失去同学，脱离集体，失去目标，成为一个自私自利的人。而当今社会对我们的要求是要想成就事业，就必须首先学会做人，因此我们要从小就培养谦虚的品格。

　　一个人如果谦虚就会永远不自足，就会不断学习新知识、新事物，学习别人的长处和先进经验，使自己不断进步。而一些人骄傲自满，故步自封，由于不具备谦虚的品质，则不懂得尊重他人，一味的自以为是，盛气凌人，不团结他人，最终导致失败。"谦虚使人进步，骄傲使人落后"，谦虚会迎来成功，骄傲会导致失败。明白了这个道理，才有利于我们今后的进步和成才。

　　不要拿自己的长处和别人的短处相比，要用自己的短处比别人的长处，找出差距，向别人学习。"人外有人，天外有天"，有一首歌唱得好："山外青山楼外楼，英雄好汉争上游，争得上游莫骄傲，还有英雄在前头。"

## 记一记

自以为是聪明的人注注是没有好下场的。世界上最聪明的人是最老实的人，因为只有老实人才能经得起事实和历史的考验。

——周恩来

智慧是宝石，如果用谦虚镶边的话，将会更加灿烂夺目。

——高尔基

无论什么时候，都不要以为自己知道了一切。

——巴甫洛夫

 做一做

如何培养谦虚的习惯呢？下面有一些建议。

1. 阅读一些优秀人物的故事。同时代、同年龄的青少年的优秀事迹更具有激励作用。天外有天，人外有人。很多事物的优越性都是相对的，我们所拥有的，永远都微不足道，所以我们没有理由不谦虚一点。

2. 虚心向别人请教。每个人不是任何事情都能做的，都需要周围的人的支持和帮助，不要不懂装懂，在需要帮助的时候，敢于求助于别人。

3. 要正确对待自己取得的成绩和荣誉。不要为自己的一点小成绩沾沾自喜，要用一颗平常心来看待，只有这样，才会取得更大的成绩。

# 帮助别人就是帮助自己
## ——培养帮助同学的习惯

## 想一想

漫画中小光的做法显然是不对的，小光父母的教育更是大错而特错。他们不知道，帮助同学就等于帮助自己。同学碰到的难点，往往也是自己容易疏忽的地方，为同学讲解清楚了，自己也可以加深印象。至于对那些成绩不是太好的同学，更需要花费一些心思。认真地讲解，比自己的系统复习效果还要好，甚至连自己遗漏的重点，也会在同学的疑问中，加深认识。

我们在学校里，不但要学习知识，还要全面地成长，在和同学的交往中，让自己各方面的能力都得到提高。同时，在欢笑中度过人生最宝贵的青少年时期。小光不肯帮别的同学，对别的同学非常冷淡，致使自己各方面的能力都得不到锻炼。当自己遇到问题时，也就得不到同学的开导和劝解，一点小坎坷都过不去，心理素质会越来越差。

不肯帮助别人的同学，也不会得到别人的帮助，如果不主动与别人合作，还有可能因为自私自利受到老师的批评，在心里产生更大的挫折感，也就没有办法以积极健康的心态来面对学习了。

## 做一做

我们可以通过以下几方面的努力，培养自己乐于助人的习惯。

1. 把同学当成兄弟姐妹。每个同学在家里都有父母照顾，到学校就只能互相照顾了，大家应该像兄弟姐妹一样互相帮助。学生时代的好朋友，可以在一生中互相扶持，这样的友情是最值得珍惜的。

2.积极帮助犯错误的同学。每个同学都有缺点，都会犯错误，当和同学发生矛盾时，要静下心来，仔细想一想，怎样做才能更好地帮助别人改正缺点。这样多为别人着想，朋友就会更多，性格会更开朗，生活也会变得更有乐趣。

3.换位思考。如果别人遇到困难，你不愿意帮助别人时，可以想象一下，如果是自己遇到了困难，希不希望别人帮忙，会不会从心里感谢帮忙的人？这样，就能渐渐明白，帮助别人是一件非常好的事情，举手之劳，就能给别人带来很多快乐，也能给你自己带来真心的朋友。

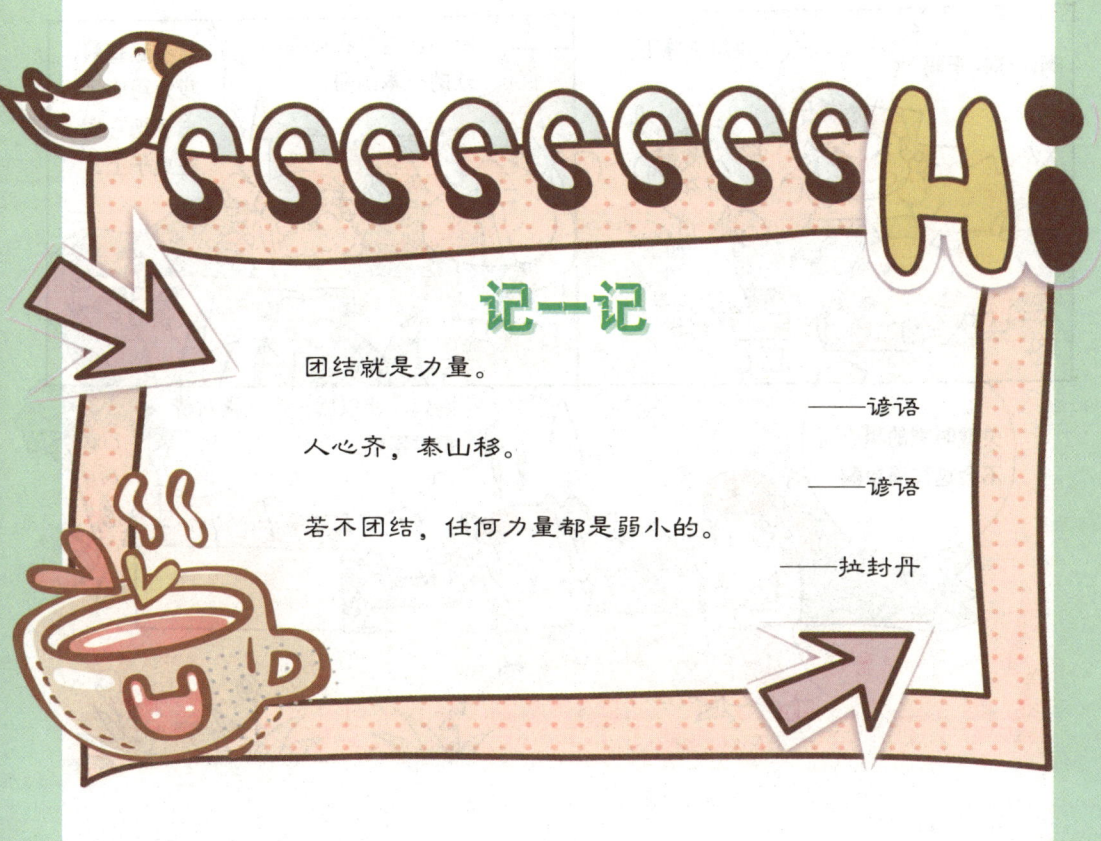

## 记一记

团结就是力量。

——谚语

人心齐，泰山移。

——谚语

若不团结，任何力量都是弱小的。

——拉封丹

# 做事认真细致，避免粗心大意

## ——培养认真细致的习惯

## 想一想

　　一个小小的疏忽，就可能引起大错，而且，有的错误是无可挽回的。智能老人说，避免一切小小的失误，就能减少巨大的意外挫折。娜娜的小疏忽让莉莉最喜欢的画册被狗扯坏，有时候，这样的事情发生，还可能影响到两个好朋友的感情呢。

　　在我们的学习和生活中，往往存在一些小事情、小危险、小障碍、小错误，如果我们没有认真地对待，抱着侥幸的心理，就会造成极大的损失。考试时，也许就是一个小数点的位置弄错了，就可能让你与成功擦肩而过。

　　因为粗心大意而犯下的错误，不仅会伤人，还会害了自己。任何一个小小的疏忽，都可能引致大错，而且，这一过错将有无可挽回的损失。

　　我们常常在测验过后自责，有个空填错了，有个数字也写错了，而这些都是自己可以避免的，都是因为我们本身的粗心大意而造成的。

　　所以，我们应该严格要求自己，平时就要培养认真细致的习惯，做任何事情都要认真对待，不要忽略一个小标点符号的作用，不要轻视一个小数点的位置。

## 做一做

　　如下建议会让你慢慢养成认真细致的习惯。

　　1. 给自己建立一个"错题集"。把自己每次作业中的错题抄在"错题集"上，并找出错误的原因，把正确的答案写出来。这

实际上是一个错误档案。我们出现错误的原因多是粗心。这样做有利于认识错误的危害，下决心改正。"错题集"是自我教育的好办法。

2. 草稿不要太草。不少人粗心是从草稿开始的。所以我们建议你的草稿不要太草。从草稿开始就要严肃认真。这有利于克服粗心的毛病。

3. 不要依赖橡皮。橡皮是造成粗心的一个根源，反正错了可以擦，于是错了擦，擦了错，习以为常，就不在乎了。如不用橡皮，错了不能擦，你就会认真一点。"三思而后行"，想好了再做，争取一次做对。

4. 学会自检，养成自检的习惯。不要依赖父母和老师的检查，这样做过几次，就能认识到粗心的危害。有了自检的能力，粗心的毛病才能克服。

## 记一记

谨慎的行动要比合理的言论更重要。

——西塞罗

缺乏谨慎的热情完全像一只随风漂流的船。

——詹姆斯

不要想到什么就说什么，凡事必须三思而行。

——莎士比亚

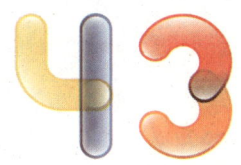

# 发现别人优点，赞美别人
## ——培养向他人学习的习惯

## 想一想

老牛的话是对的。世上最美的玉石也有瑕疵，我们每个人都有这样和那样的缺点。俗话说：尺有所短，寸有所长。我们只有正确认识自己的缺点，发现别人的优点，才能不断地向别人学习，弥补自己的缺点，发挥自己的长处，取得更大的进步。在学习和生活中，越能发现别人的优点，就越能向别人学习，越能提高自己。养成发现和赞美别人优点的习惯，可以让我们受益一生。

事实上，我们在现实生活中，经常犯长颈鹿和羊的这种毛病，总看到自己的长处和别人的短处，于是对别人吹毛求疵，对自己的短处却一概视而不见。久而久之，在同学眼中，你可能就是那种说话尖酸刻薄，不受欢迎的人了。那样一来，就没有人愿意和你交朋友，你就会变得孤独无助。而如果你能宽容待人，能学习别人的优点，那么你不仅能完善自己，还能得到别人的欢迎，何乐而不为呢？

所以，如果你现在对同学的缺点横挑鼻子竖挑眼的话，那么马上改正这些坏毛病吧。在这里，我们将告诉你发现同学优点的方法和这种习惯的培养。

## 记一记

闪闪发光的金子，代替不了生铁的用途。

——柯尔克孜族

竹子榨不出油水，可是筑篱笆却不能没有它，眼睛亮的人白天找不到的，瞎了眼的人晚上摸着找到。

——蒙古

我们的美德和缺点是一对亲密的夫妻，生下的孩子既像父亲也像母亲。

——哈利法克斯

发现同学的优点，学习他们的优点：

1. 请别人帮忙。看不惯同学身上的缺点的时候，可以让同学或自己的父母帮助自己寻找那个同学的优点。

2. 向好的同学看齐。古人说的"见贤思齐"就是这个道理。当自己犯了错误的时候，可以在全班同学中，在同样的事情上，发现谁能做得比自己好。寻找别人的长处，可以激发自己的上进心，改变对同学的看法。

3. 向优秀的朋友靠拢。在交朋友方面，多结识比自己优秀的朋友，在交往中不断学习，努力把自己的缺点转化为优点。

4. 每天发现一个优点。可以在吃晚饭的时候，和爸爸妈妈一起，寻找同学身上的一个优点。

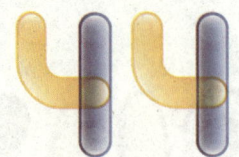 干干净净迎接每一天
——培养讲究卫生的习惯

## 想一想

　　看完这个故事，你想做讲卫生的孩子还是做个脏孩子呢？

　　别看我们平日里洗手的事小，其实跟我们的健康有很大关系呢。除了睡觉，我们的双手很少会停下动作，吃、喝、拉、撒没有一样能离开手，因此双手不可避免要沾上很多细菌，尤其是指甲，这可是最容易藏污纳垢的地方，所以爸爸妈妈经常教导我们：饭前便后要洗手。2004年，我国遭遇了非典，预防非典的手段之一，就是要勤洗手，用正确的方法洗手。因此，我们要时刻注意手的卫生。

　　除了手，我们同样要注意身体其他部分的卫生。不爱卫生的孩子不仅外表看起来不漂亮，而且很容易患上疾病。每个人都不愿意和不爱干净的孩子在一起，不讲卫生的孩子是孤独的。为了自己的健康，也为了让自己受到其他同学的欢迎，我们都要讲卫生。

　　干干净净迎接每一天，不是说出来的，而是做出来的。一个人是否干净，体现在无数个细节中。看一看下面的"做一做"的内容，并坚持按照里面的方法去做，相信你就会养成良好的卫生习惯。

## 做一做

　　我们在平常的生活中，怎样培养讲究卫生的习惯呢？

　　1. 勤洗澡，洗头。学生正处于身体发育阶段，每天的新陈代谢非常旺盛。因此，要经常洗澡、洗头。同时，要每天换内衣和袜子。

　　2. 注重牙齿健康。不仅早晚要刷牙，每次饭后都应该刷牙。刷牙的最佳次数和时间是"三、三、三"，即每天刷3次，

每次都在饭后3分钟刷牙,每次刷牙3分钟。科学的刷牙方法是竖刷法,即顺牙缝方向刷。先刷牙齿的表面,将牙刷毛与牙齿表面成45°角斜放,并轻压在牙齿和牙龈的交界处,轻轻地做小圆弧地旋转。上排的牙齿从牙龈处往下刷,下排的牙齿从牙龈处往上刷。其次刷牙齿的内外侧。

3. 定期整理和清洗书包。最好每月刷洗一次书包。因为书包是我们每天都要携带的,它的整洁也关系到个人的卫生面貌。背上干干净净的书包会给自己一个好心情。

4. 携带纸巾或手绢。把它们放在书包或衣兜中方便取出的地方。要吐痰或者擦鼻涕时及时取出。用后的纸巾不要随地乱扔。虽然这些都是小事,但是如果不注意,不仅影响健康,还会让同学们对你的印象大打折扣。回家以后要更换、清洗用过的手帕。始终保持清洁。

## 记一记

忽略了健康的人,就等于在与自己的生命开玩笑。

——陶行知

清洁仅次于圣洁。

——弗·培根

# 45 我运动，我健康
## ——培养锻炼身体的习惯

## 想一想

　　爷爷因为坚持锻炼身体，因此保持了健康而硬朗的身体。所以，想要拥有健康的身体，不仅需要各种食物，以摄取各种营养成分，同时也要培养早睡早起的生活习惯，更要让自己勤于运动哦。

　　"生命在于运动"这句话是古人总结出来的经验，它指出了运动与身体健康的密切关系。生活告诉我们，体育锻炼有利于我们的健康成长，锻炼可使人体各种器官的功能得到增强；身体强壮了，学习起来就会有精神，效果非常好；体育锻炼还可以帮助我们培养耐心和毅力。所以，我们从现在开始就要养成锻炼身体的习惯。

　　要注意的是，不是每项运动都适合自己，因此运动时还要选择适合自己的运动。适当的运动，不但能保证身体的健康，还能增强个人活力，让身体随时保持平衡，有助于集中注意力思考学习。

　　不管是什么运动，只要勤加练习，就能帮助维持自己的健康。当然要注意到，如果运动过度，会造成疲劳，反而有可能会失去健康；所以凡事一定要适可而止。一般来说，每星期运动三次左右，每次锻炼的时间在 20~30 分钟之间，长期坚持下去，就能收到良好效果。

　　最后，要以平常心去努力锻炼，因为当心里感到平静安定的时候，身体才会感到舒服。

　　培养锻炼身体的习惯：

　　1. 首先要培养自己对体育的兴趣。对体育锻炼有兴趣，就会亲身去参加各种体育活动。培养体育锻炼的兴趣，可以从体育游戏开始，去参观、欣赏各种体育比赛。

2. 掌握锻炼身体的方法。要掌握科学锻炼的方法，不当的锻炼非但不能起到有效作用，还容易发生事故。

3. 根据自己的年龄和体质来定制适合自己的锻炼项目。要根据实际情况来安排运动量，不可盲目，也不可做超出自己承受范围的要求。宜多做些较为缓和的、活动性比较强的运动，不宜做用力过大、憋气、负重的练习项目。

4. 要持之以恒。体育锻炼只有持之以恒，才会有效果，也只有持之以恒，才能形成锻炼的习惯。因此要制订锻炼计划，并天天坚持，可以的话，最好让父母能跟自己一起锻炼，这样更有兴趣。

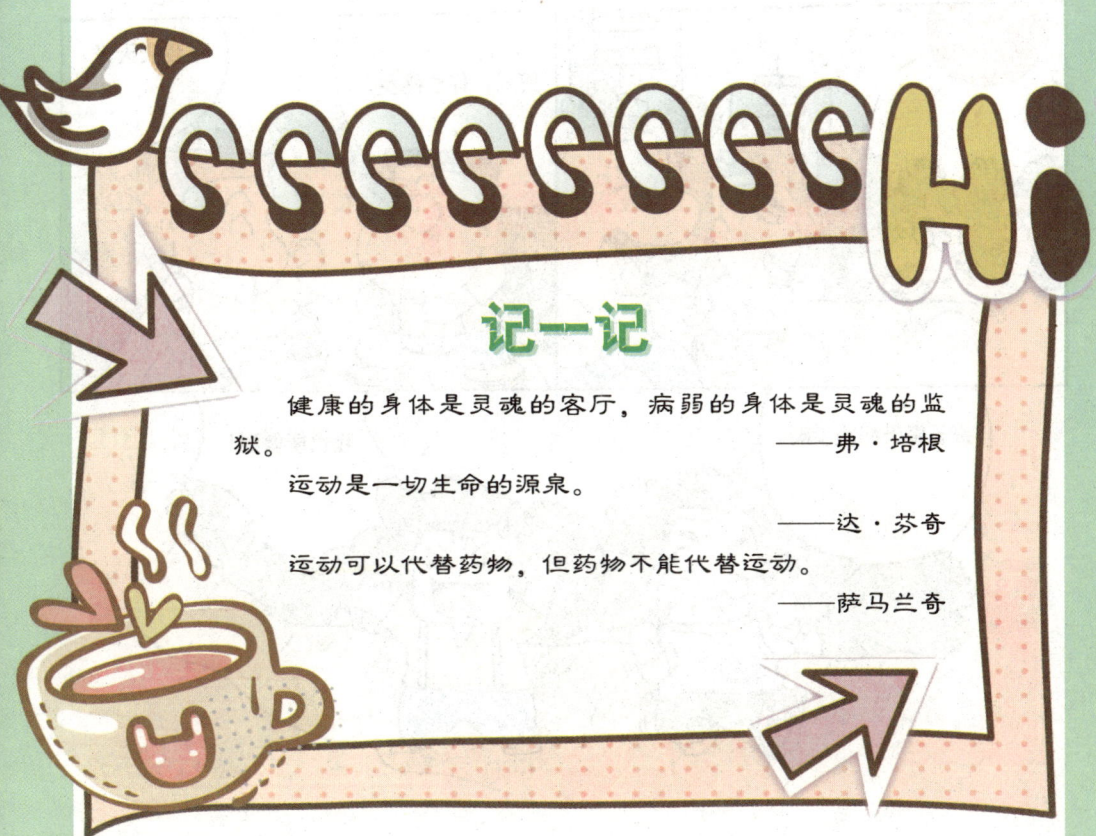

### 记一记

健康的身体是灵魂的客厅，病弱的身体是灵魂的监狱。

——弗·培根

运动是一切生命的源泉。

——达·芬奇

运动可以代替药物，但药物不能代替运动。

——萨马兰奇

# 想一想

　　我们知道，经过一天的学习和活动，身体和精神都比较疲倦，如果再加上熬夜，就更加疲惫了，第二天上课的时侯就会打瞌睡，不能好好听课，这样长期下去，形成恶性循环，怎么能取得好成绩呢？

　　良好的睡眠不仅可以使大脑得到放松、休息，还可以帮助你整理白天学过的知识。有时你会发现，头一天不太清晰的学习内容，到了第二天早晨，竟然已经想通了。

　　良好的睡眠还可以加强对当天学习内容的记忆。睡觉之前，如果你轻松自然地把知识点在大脑中过滤一遍，第二天会记忆更清楚，长期下去，还可以建立长久牢固的记忆。不过要知道，良好的睡眠跟熬夜可是天敌哦。

　　如果你有过早起的经历，那么你一定会记得早上的空气很新鲜，周围也比较安静，人的心情在这个时候一般都很好，所以精神状态也比较好。在这种情况下学习，肯定能收到事半功倍的效果。

　　所以，我们一定要养成早睡早起的习惯，保证充足的睡眠，轻轻松松学习，何乐而不为？

## 记一记

只知工作而不知休息的人有如没有刹车的汽车极为危险，而不知工作的人则和没有引擎的汽车一样没有丝毫用处。

——福 特

不会休息就不会工作。

——列 宁

培养早睡早起的好习惯的方法可以从以下几个方面开始。

1. 保证睡眠时间。必须保证按时睡眠及睡眠时间的充足，才能使自己精力充沛。根据小学生的生理特点，医生告诉我们每天的睡眠时间需要9~10小时。

2. 适当午睡。午睡时间多少，什么时候午睡最理想，要根据具体情况而定，最好以健康状况来做根据。

3. 按时作息。按时作息最大的好处是生活有规律，人体生物钟不会被扰乱，有利于身心的舒适和健康；按时作息，还能较好地避免懒散的习气，从而形成积极学习、勤奋向上的好习惯。

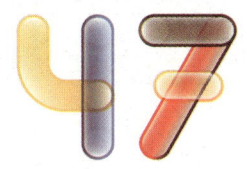 # 别忘了让大脑休息
## ——培养科学用脑的习惯

## 想一想

　　大脑的潜能，几乎接近于无限。但是，到目前为止，人类普遍只开发了大脑潜能的5％，仍有巨大的潜能尚未得到合理的开发。换一句话说，一个人的大脑只要没有先天性的病理缺陷，他就可以成为天才，只要大脑的潜能得到超出一般的合理开发，他的能力就不会比爱因斯坦逊色。但是，大脑潜能的开发，要一点一点地进行，如果"拔苗助长"，结果只能是用脑过度，造成大脑早期疲劳，甚至发生悲剧，就像海内肯那样。所以，花季少年的我们，不要因为过度使用自己的大脑，而让自己的"思维之花"凋零了。我们没有必要羡慕其他的天才少年，其实我们自己也拥有天才少年一样的大脑；而当一些天才少年不幸去世的事例，应该给自己敲响警钟，千万不要造成用脑疲劳，一定要养成科学用脑的好习惯。

　　我们应该认识到：开发大脑不等于疯狂地使用大脑。脑科学研究成果表明，在脑疲劳的状态下，人就会出现头昏脑涨、记忆力下降、反应迟钝、注意力分散、思维混乱等心智活动难以正常发挥的恶性反应。同时，长期脑疲劳，还会出现失眠、恐怖、焦虑、健忘、抑郁等症状，有的甚至会危及生命。由此可见，脑疲劳不仅不能开发大脑，而且还会严重地影响到人的智力潜能的正常开发。过度的脑疲劳，还会导致心脑血管及精神疾病，严重损害人的身心健康。相信每个同学都希望自己有一个聪明的头脑，如果养成科学用脑的习惯，我们是可以变得更加聪明的哦！

　　养成科学使用大脑的习惯，你可以采取下面的方法：

　　1. 五官并用、手脑并用地参与学习。有人发现，学习同一内容，如果只用眼睛，可接受20％；如果只用耳朵，可接受15％；

如果眼耳并用，可接受50％。这一发现说明，学习时使用多种感觉器官共同参与，可明显提高学习效率。

2. 充分利用"最佳的用脑时间"。每个人每一天都有一个"最佳的用脑时间"：有的人早晨脑子特别灵敏，记忆力最好；而有的人则晚上头脑最清醒，学习效果最佳。应了解并充分利用自己的"最佳用脑时间"，以提高学习效果。

3. 保持充分的睡眠。睡眠是大脑的主要休息方式，睡眠充足才能使大脑消除疲劳，保证大脑正常工作。因此，应安排好自己的睡眠时间，应使自己睡得足，睡得好，并且不要开夜车，以免影响健康。

4. 注意体育锻炼和体力活动。体力活动可以促进新陈代谢，消除大脑疲劳；体育锻炼可以提高神经系统的反应能力和灵活性，有助于提高视力、听力、观察力和思维能力。不能忽视体育锻炼和体力活动，更不要把学习同体育锻炼及体力活动对立起来，以为锻炼身体和适当参加体力活动是"浪费时间"，影响学习。

## 记一记

### 家庭生活学习歌

同学们，请注意，家庭生活安排细。电视尽量要少看，保护眼睛是关键。

饭前便后要洗手，讲究卫生成习惯。点滴时间要抓紧，哪科不行紧追赶。

完成作业最重要，课外阅读开心窍。家务活，抢着干，洗碗擦桌，墩地板。勤学习、善动脑，家庭生活准过好。

# 站直坐正走得稳

## ——培养良好的身姿习惯

　　小小年纪，就弯腰驼背的，长期错误的姿势很容易导致脊椎偏离正常位置，而形成脊柱弯曲、畸形，成为"虾米背"。

　　或许是现代舒适生活的影响，许多同学都不能很好地站、坐、走了。不正确的站姿、坐姿、走姿，给身体带来的最大不利是引发脊椎骨弯曲，影响身体的正常发育，严重的甚至影响身体健康。

　　大家都知道。脊椎骨是人的顶梁柱，它要是歪斜了，就如房子的支柱歪斜一样，不知道什么时候就有倒下来的危险。脊椎骨的骨头一共有 30 多块，像积木一样叠起来，韧带负担着使它们相互连接起来的作用，这样才能使整体容易前后左右弯曲和扭转，如果平时有不良的形体姿势，就有可能使韧带部分遭到破坏或磨损。脊椎正中间有神经束，本来从头部到尾骨是畅通的，现在说不定哪里就有损伤，使整个身体发生障碍。

　　这样看来，养成正确的形体姿势，对每个人的健康是十分重要的。因此，我们要养成正确的站、坐、走习惯。

　　我们可以从三个方面养成良好的站、坐、走习惯。

　　1. 防止坏姿势，学习好姿势。在坐着看书、写作业或看电视时，要采取正确的姿势，不要弯着腰、伏着胸，也不要随意歪靠在凳子上。

　　正确的坐姿是：躯干保持挺直，两肩摆平，眼向前平视，两小腿与地面垂直，两脚平放地上，阅读、写字时，身子不要歪斜，不要趴在桌子上，胸要离桌沿一拳的距离。

　　正确的站姿是：头正直，胸稍挺，腹微收，两臂下垂，两腿自然伸直，脚跟靠拢，脚尖分开。

　　正确的走姿是：走时身体保持正直，两眼正视前方，两臂

前后自然摆动，两脚向前迈步，脚跟先着地，然后过渡到脚掌着地，保持平衡，勿上下颤动或左右摇摆，注意改正内、外八字脚。

2. 多做双侧运动。许多人都习惯用右手提物、端东西，身体长期的单侧运动可能会形成身体双侧肌肉发育不平衡，这时可以用左右手做同样的动作，可以多练习一些需要双侧都参与的行动，如玩单双杠、走路、跑步等。全面的锻炼，能够强化全身的肌肉，为形成正确的形体姿势提供坚实的基础。

3. 观察自己的形体姿势。可以让父母有选择地捕捉自己的一些形体姿势，用照相机拍下来。自己观察自己的姿势，并与父母一起评议。照片可以反映连自己都感到意外的身体形象，这样可以更好地强化你克服不良形体姿势的决心。

## 记一记

### 坐姿歌

身体坐正腰挺直，双脚平放肘架起，
胸离桌沿一拳地，眼离书本一尺远。
集中精力心专一，看谁做的数第一。

 不偏食，不挑食
——培养良好的饮食习惯

## 想一想

　　什么是偏食？偏食也是挑食，就是只喜欢吃某一类的食物，比如有的人只爱吃水果，有的人只爱吃瘦肉，而不爱吃大多数的食物。有的孩子吃饭时只用馒头蘸菜汤吃，有的只吃一些零食，不爱吃蔬菜和肉蛋类，也不爱吃面食；而且已经形成了习惯，父母的说教也不起作用。偏食和挑食是非常影响身体的生长发育的，偏食和挑食的孩子不是营养不良瘦小体弱，就是营养过剩肥胖超重。因此对有偏食和挑食习惯的孩子一定要设法纠正。

　　我们正处在身体快速生长发育的重要时期，这个时期一定要补充各种营养成分。要多吃些富含各类营养的食物，如豆类制品、蛋、鱼虾、奶类、瘦肉、富含维生素和钙等无机盐的蔬菜、水果等，只有各类营养成分都补充充足了，我们的身体才能像小树苗有了阳光和雨露一样快速的成长。

　　1. 偏食和挑食是坏习惯，纠正起来需要长时间的努力，为了拥有一个健康的身体，要有毅力长期坚持哦！按照大人的安排吃东西。对于偏食的小朋友，不能想吃啥就吃啥，这样就会养成挑食、偏食的坏习惯。要按照大人的安排吃东西，父母在做饭的时候是非常注意营养搭配的，餐桌上的饭菜每样都要吃一些。要少吃零食。如果过多地吃零食，会降低食欲，而不能正常吃饭，另外，零食的营养不全面，更值得注意的是，零食中含有很多添加剂、色素、防腐剂等，这些对身体都是有害的。

2. 吃饭时不要看电视。有的学生喜欢边吃饭边看动画片，一顿饭要吃半个小时的时间，这样不利于身体对食物的消化吸收。电视画面会分散我们的注意力，降低唾液和胃液的分泌，饭菜也就没了味道，造成食欲下降。

3. 三顿饭都要吃。要认真对待吃饭，不能因为贪玩就不好好吃饭。饭后不久就饿了，又胡乱吃零食。然后下顿饭又没了胃口，如此造成恶性循环。要记住：早餐吃饱，早餐很重要，上午消耗热量较多，主要由早餐提供；午餐吃好，午餐是正餐，从午餐到晚餐相隔4~5小时，吃午饭就像汽车跑到一定里程必须加油一样；晚餐不过饱，晚餐吃得丰盛，过饱，会加重消化器官负担，过多的食物会转化为脂肪，引起肥胖，影响睡眠。

4. 必要时去看医生。因为体内缺少了一些微量元素或者是患了某种疾病也会偏食，这就需要治疗了。

## 记一记

**营养健康歌**

苹果消食营养高；黄瓜减肥有成效；葱辣姜汤治感冒；
大蒜抑制肠胃炎，菜花常吃癌症少；猪牛羊肝明目好；
盐醋防毒能消炎，花生降醇亦健胃，瓜豆消肿又利尿；
抑制癌菌猕猴桃；香蕉含钾解胃火，禽蛋益智营养高；
芹菜能降血压高；西红柿补血驻容颜，健胃补脾吃红枣；
白菜利尿排毒素，葡萄悦色令年少。

 # 与近视眼说BYEBYE

—培养正确的用眼习惯

## 想一想

　　美美的近视眼是怎么形成的？因为她太不爱护自己眼睛了，躺在床上看书、长时间的玩游戏、在强光下读书，这些都是不爱惜眼睛的表现。眼睛是很脆弱的，这样一折腾，不近视才怪呢。

　　眼睛是我们心灵的窗户，我们透过这扇窗户看外面精彩的世界，如果有一天这窗户坏了，我们想看的东西就看不了了。你想想，如果你有一双大而清澈的眼睛，而有一天它们视线模糊，你不得不借助两块镜片来让自己看清楚周围的环境，这是多么不方便的事啊。我们也经常看到日常生活中，那么多戴着眼镜的哥哥姐姐，他们一旦离开眼镜，就会变得手足无措。因此，平时我们一定要注意保护好眼睛，不让眼睛受到伤害。

　　为了不让近视眼影响到我们的生活，我们就要养成健康的用眼习惯，远离近视眼。即使已经近视的同学，也要注意用眼卫生，不能让近视的度数加深哦！

　　在这里，我们来告诉你正确的用眼习惯，按照要求去做，你就会拥有一双明亮的眼睛。

　　1. 日常注意保护眼睛。首先要防止眼外伤。与朋友做游戏时，要做一些安全的游戏，不要做危险性大的游戏。其次要养成良好的用眼习惯。看电视距离不要太近。平时不要让眼睛过于疲劳。只有从小注意保护，才能有一双健康的眼睛。

　　2. 眼保健操是一种有效的保护眼睛的自我按摩疗法。读书时间过长容易产生视觉疲劳，做眼保健操，可以达到消除眼睛过

度劳累的目的。

3. 写字时采用正确的姿势。要保护好眼睛，就要培养正确的看书、写字姿势。读书姿势要端正，写字看书上身要直，头不歪，也不要伏在桌子上。眼与书本要保持1尺左右的距离。

4. 选择合适的光源。不在强烈的日光下看书。光线阴暗时，用台灯看书比较适宜。而台灯应选择白炽灯。

5. 不宜看书的几种情况。摇动的车内，由于车身晃动，不适合看书。躺在床上看书时，看书的人往往不能把书本放水平，这样物体离两只眼的距离不一样，手拿着的物体也不能一直保持平稳，而且这样看书也不容易保持书放到一尺之外的地方，长期下去，很容易使眼睛患斜视、近视等。

6. 饮食养眼。多吃对眼睛有益的食物，如含有丰富维生素A的食品（牛奶、蛋黄、动物肝脏、鱼肝油、新鲜蔬菜、水果等）。

## 记一记

**爱眼健康歌**

蓝蓝的天，我爱看蓝蓝的天，青山绿水，我爱看青山绿水。看近看远，看近看远，看看美丽的世界。不要太累，让眼睛休息一会儿，不要怀疑，若是你觉得好累。闭上眼睛，闭上眼睛，做做深呼吸。看上看下，看左看右，让眼睛转一圈。举手弯腰，深呼吸几遍，放松你的眼。远视近视，还有散光眼，离我远一点。青菜水果，不要忽略，做好视力的保健。